智慧海绵城市系统构建系列丛书 第一辑 ③

丛书主编 曹 磊 杨冬冬

城市公园绿地海绵系统规划设计

Planning and Design of Sponge System in Urban Park and Green Space

曹 易 杨冬冬 韩轶群 著

图书在版编目（CIP）数据

城市公园绿地海绵系统规划设计 / 曹易，杨冬冬，
韩铁群著. — 天津：天津大学出版社，2022.6
（智慧海绵城市系统构建系列丛书. 第一辑；3）
ISBN 978-7-5618-7210-9

Ⅰ. ①城… Ⅱ. ①曹… ②杨… ③韩… Ⅲ. ①城市公园—绿化规划—规划布局 Ⅳ. ① TU985.12

中国版本图书馆 CIP 数据核字（2022）第 097659 号

CHENGSHI GONGYUAN LÜDI HAIMIAN XITONG GUIHUA SHEJI

出版发行 天津大学出版社
地　　址 天津市卫津路 92 号天津大学内（邮编：300072）
电　　话 发行部：022-27403647
网　　址 www.tjupress.com.cn
印　　刷 廊坊市瑞德印刷有限公司
经　　销 全国各地新华书店
开　　本 787 mm×1092 mm 1/16
印　　张 14.25
字　　数 329 千
版　　次 2022 年 6 月第 1 版
印　　次 2022 年 6 月第 1 次
定　　价 148.00 元

序言

PREFACE

水资源作为基础的自然资源和具有战略性的经济资源，对社会经济发展有着重要影响。然而，中国目前所面临的水生态、水安全形势非常严峻。近年来，中国城市建设快速推进，道路硬化、填湖造地等工程逐渐增多，城市吸纳降水的能力越来越差，逢雨必涝、雨后即旱的现象不断发生，同时伴随着水质污染、水资源枯竭等问题，这些都给生态环境和人民生活带来了不良影响。

党的十九大报告指出，“建设生态文明是中华民族永续发展的千年大计”。我们要努力打造人与自然完美交融的“生态城市、海绵城市、智慧城市”。开展海绵城市建设对完善城市功能、提升城市品质、增强城市承载力、促进城市生态文明建设、提高人民生活满意度具有重要的现实意义。

伴随着海绵城市建设工作在全国范围的开展，我国的城市雨洪管理规划、设计、建设正从依靠传统市政管网的模式向开发灰色、绿色基础设施耦合的复合化模式转变。海绵城市建设虽然已取得很大进步，但仍不可避免地存在很多问题，如经过海绵城市建设后城市内涝情况仍时有发生，人们误以为这是因为低影响开发绿色系统构建存在问题，实际上这是灰色系统和超标雨水蓄排系统缺位所导致的。即使在专业领域，海绵城市的理论研究、规划设计、建设及运营维护等各环节依然存在很多需要深入研究的问题，如一些城市海绵专项规划指标制定得不合理；一些项目的海绵专项设计为达到海绵指标要求而忽视了景观效果，给海绵城市建设带来了负面评价和影响。事实上，海绵城市建设既是城市生态可持续建设的重要手段，也是城市内涝防治的重要一环，还是建设地域化景观的重要基础，它的这些重要作用亟待被人们重新认知。海绵城市建设仍然存在诸多关键性问题，我们需要考虑雨洪管理系统与绿地系统、河湖系统、土地利用格局的耦合，从而实现对海绵城市整体性的系统研究。不同城市或地区的地质水文条件、气候环境、场地情况等差异很大，这就要求我们因“天”“地”制宜，制定不同的海绵城市建设目标和策略，采取不同的规划设计方法。此外，海绵城市专项规划也需要与城市绿地系统、城市排水系统等相关专项规划在国土空间规划背景下重新整合。

作者团队充分发挥天津大学相关学科群的综合优势，依托建筑学院、建筑工程学院、环境科学与工程学院的国内一流教学科研平台，整合包括风景园林学、水文学、水力学、环境科学在内的多个学科的相关研究，在智慧海绵城市建设方面积累了丰硕的科研成果，为本丛书的出版提供了重要的理论和数据支撑。

作者团队借助基于地理信息系统与产汇流过程模拟模型的计算机仿真技术，深入研究和探讨了海绵城市景观空间格局的构建方法，基于地区降雨特点的雨洪管理系统构建、优化、维护及智能运行方案，形成了智慧化海绵城市系统规划理论与关键建造技术。作者团队将这些原创性成果编辑成册，形成一套系统的海绵城市建设丛书，从而为保护生态环境提供科技支撑，为各地的海绵城市建设提供理论指导，为美丽中国建设贡献一份力量。同时，本丛书对于改进我国城市雨洪管理模式、提高我国城市雨洪管理水平、保障我国海绵城市建设重大战略部署的落实均具有重要意义。

“智慧海绵城市系统构建系列丛书 第一辑”获评 2019 年度国家出版基金项目。本丛书第一辑共有 5 册，分别为《海绵城市专项规划技术方法》《既有居住区海绵化改造的规划设计策略与方法》《城市公园绿地海绵系统规划设计》《城市广场海绵系统规划设计》《海绵校园景观规划设计图解》，从专项规划、既有居住区、城市公园绿地、城市广场和校园等角度对海绵城市建设的理论、技术和实践等内容进行了阐释。本丛书具有理论性与实践性融合、覆盖面与纵深度兼顾的特点，可供政府机构管理人员和规划设计单位、项目建设单位、高等院校、科研单位等的相关专业人员参考。

在本丛书出版之际，感谢国家出版基金规划管理办公室的大力支持，没有国家出版基金项目的支持和各位专家的指导，本丛书实难出版；衷心感谢北京土人城市规划设计股份有限公司、阿普贝思（北京）建筑景观设计咨询有限公司、艾奕康（天津）工程咨询有限公司、南开大学黄津辉教授在本丛书出版过程中提供的帮助和支持。最后，再一次向为本丛书的出版做出贡献的各位同人表达深深的谢意。

曹磊

2022 年 3 月

前 言
FOREWORD

海绵城市是在我国生态文明建设的背景下，城市雨洪管理从传统的依靠管网的单一方式向多层级、复合化方式转变的产物，是重新建立城市健康水文循环过程的新型城市发展概念。在海绵城市建设的背景下，城市绿地汇聚雨水、蓄洪排涝、补充地下水、净化水体的功能得到了前所未有的关注，它以雨水花园、下凹绿地、植物过滤带等多样化景观形式呈现，实现了城市雨洪管理能力和景观风貌的双重提升。

但在近 10 年海绵城市建设的热潮中，我们也看到，虽然我国已布局多个国家海绵城市建设试点城市，但由于海绵城市建设的起点低，而蕴含其中的学科知识和专业技术交叉性强，一些城市的海绵城市建设效果并不尽如人意，人们对海绵城市的质疑逐渐增多。因此，我们亟须对海绵城市规划、设计过程中的一些共性问题进行重新研究和系统思考。这些问题集中表现在以下 3 个方面。

（1）相关人员对海绵系统、低影响开发雨水系统和管渠系统之间的关系认识模糊，对年径流总量控制率的基本概念理解不深，这直接导致他们对海绵城市专项规划编制的方法、深度和内容认识不到位，从而简化、分割了控制指标与项目建设方案。

（2）相关人员对海绵城市规划、设计、建设工作的难度认知不足，将海绵城市的建设内容狭义地局限于低影响开发措施的使用，如不少城市老旧居住区的海绵化改造由于忽视了绿地的空间布局和竖向关系，简单地在极其有限的绿地中采用低影响开发措施，这些不恰当的措施引起了居民的不满，直接导致了居民对海绵城市的质疑。

（3）相关人员的海绵措施选择单一，导致不同城市空间中的海绵景观雷同，海绵城市设计目标、方法相似。

针对上述问题，天津大学建筑学院曹磊教授、杨冬冬副教授带领课题组将交叉学科研究与景观设计实践和经验相结合，致力于全过程、多维度的生态化雨洪管理系统的构建研究，并在国家出版基金的资助下，撰写了“智慧海绵城市系统构建系列丛书 第一辑”共 5 册图书。其中《海绵城市专项规划技术方法》系统介绍了海绵城市专项规划的编制内容、步骤和方法，并对海绵城市专项规划的难点和重点——低影响开发系统指标体系的计算方法和海绵空间格局的规划技术方法进行了详细解析。《既有居住区海绵化改造的规划设计策略与方法》从空间布局和节点设计两个层面梳理了老旧居住区海绵化改造中的问题、难点及其解决方案。《城市公园绿地海绵系统规划设计》《城市广场海绵系统规划设计》《海绵校园景观规划设计图解》这 3 本书则分别针对城市公园绿地、城市广场和校园这 3 种城市空间的特点和需求，从水文计算、景观审美的角度出发，对海绵系统的景观规划设计方法进行了系统阐释。

本书是作者团队对海绵城市规划设计“研究”和“实践”两方面工作的总结和提炼。我们希望能通过本书与读者分享相关的方法、方案和技术，在此感谢加拿大女王大学教授、天津大学兼职教授布鲁斯·C. 安德森（Bruce C. Anderson）的指导和支持，感谢王子滢、张博伦、徐梦亚、孙艺洲、罗俊杰等同学在书稿整理过程中给予的协助。由于作者水平有限，书中难免存在疏漏、错误之处，敬请读者批评指正。

著者

2022 年 3 月

目录

CONTENTS

第 1 章　公园绿地海绵系统概述 /1

1.1　引言 /2

1.2　公园绿地海绵系统的构建目标 /5

第 2 章　公园绿地海绵系统单项措施及综合评价 /9

2.1　渗透措施及评价 /10

2.2　滞留、调蓄措施及评价 /11

2.3　传输措施及评价 /12

2.4　净化措施及评价 /13

第 3 章　公园绿地海绵系统规划设计 /15

3.1　公园绿地海绵系统规划设计内容 /16

3.2　公园绿地海绵系统的调控路径 /19

3.3　公园绿地海绵系统规划设计方法 /22

第 4 章　城市海绵公园规划设计流程 /47

4.1　现状调查及问题评估 /49

4.2　海绵公园规划设计目标的确定 /51

4.3 海绵公园竖向设计及汇水分区划分 /53
4.4 公园海绵系统设施选择与布局 /58
4.5 海绵公园低影响开发设施规模计算 /64
4.6 公园海绵系统方案优化 /71

第 5 章 典型海绵公园规划设计 /77

5.1 城市郊野公园海绵规划设计案例
——天津海河教育园 /78
5.2 城市海绵湿地公园规划设计案例
——天津中新生态城南堤滨海步道公园 /105
5.3 城市海绵湿地公园规划设计案例
——天津空港经济区海绵湿地公园 /146
5.4 城市综合公园海绵化改造案例
——天津市梅江公园 /169
5.5 城市郊野公园海绵规划设计案例
——于庆成雕塑园 /181
5.6 城市社区公园海绵规划设计案例
——雄安社区公园 /200

参考文献 /217

第 1 章 公园绿地海绵系统概述

1.1 引言

近年来，因全球气候变化导致的极端天气增多，城市面临着洪涝灾害、干旱灾害、水资源短缺等一系列水问题。在一些高度发达的城市地区，由于存在热岛效应和雨岛效应，强度大、时空集中度高的降雨事件发生得愈加频繁。在此背景下，有关城市新型雨洪管理模式的思考不断涌现。针对依靠传统市政设施进行雨洪管理所引起的径流汇集速度快、雨水资源无法得到有效再利用的问题，弗莱彻（Fletcher）提出可持续的城市新型雨洪管理模式，其包含以下 6 项内容。

（1）以可持续的方式管理城市水文循环过程。

（2）尽可能地将城市的径流状态恢复到开发前的自然状态。

（3）改善城市水质。

（4）修复和保护水生态系统。

（5）实现雨水资源化利用。

（6）通过与能为城市景观带来多种益处的雨洪管理方法协作，促进城市景观和设施的建设。

基于此，欧美发达国家提出了最佳管理措施（BMPs）、低影响开发（LID）、水敏感性城市设计（WSUD）、可持续排水系统（SUDS）等多种可持续、生态化的城市雨洪管理策略。“海绵城市”则是我国提出的以“自然做功”“弹性管理”为突出特点的城市雨洪综合管理体系。“自然做功”是指城市能够像海绵一样，下雨时吸水、蓄水、渗水、净水，有需要时将蓄存的水释放并加以利用。“弹性管理”则强调统筹低影响开发雨水系统、城市雨水管渠系统及超标雨水径流排放系统，通过人工设施与自然设施相结合的方式，在确保城市防洪排涝安全的前提下，达到雨水资源化利用和生态保护的目的。

城市公园绿地作为城市中绿地面积占比大、园林地形丰富、天然渗透能力强的绿色基础设施，在海绵城市建设中成为践行“自然做功”雨洪管理模式的关键环节，是海绵城市建设的首选场地。《城市绿地分类标准》（CJJ/T 85—2017）中将“公园绿地”定义为“向公众开放，以游憩为主要功能，兼具生态、景观、文教和应急避险等功能，有一定游憩和服务设施的绿地”。根据主要功能和内容，公园可分为综合公园、社区公园、专类公园和游园，其中专类公园又分为动物园、植物园、历史名园、遗址公园、游乐公园和其他专类公园。

通常情况下，城市公园雨水径流形成的主要过程是：降落在地面的雨水，除去填洼、下渗损失后，其余部分沿着地面流动，经过雨水口汇集到传输与排水设施，再由这些设施输送到出水口，最终排至受纳水体和市政管网。径流的形成过程是一个复杂、连续的物理过程，它始于降水过程，终于流域出口流量形成过程。根据岑国平、任伯帜的径流形成理论，城市公园地表径流形成的过程大致可划分为地表产流过程、地表汇流过程和管网汇流过程等 3 个阶段。其中，地表产流过程指降水经植物截留、下渗、填洼、蒸发与蒸散等过程后形成径流的过程，如图 1-1 所示。地表汇流过程为汇水区产生的径流从其产生地点沿坡地向排水管网汇集的过程，如图 1-2 所示。管网汇流过程为径流经坡地汇流注入管网后，从管网向下游出口断面汇集的过程，如图 1-3 所示。

在缓解城市内涝、促进雨水资源化利用、大力推进城市生态文明建设的需求下，公园绿地海绵系统的构建应依据城市公园内部及公园外部更大范围内的产汇流过程而定，城市公园绿地不仅在园内需要具备包含源头控制、中途传输、末端调蓄全过程在内的雨洪管控功能，而且在可能的条件下，还应充分发挥公园集中水面和绿地的调蓄能力，滞蓄公园周边一定范围内汇水分区的超标雨水径流，与城市雨水管渠系统、超标雨水径流排放系统相衔接，以提高区域的整体雨洪管控与内涝防治的水平。

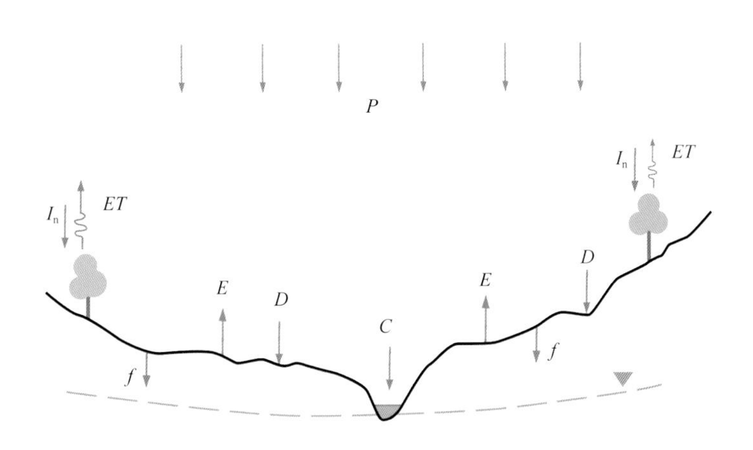

P—降水；C—槽上降水；I_n—植物截留；f—下渗；D—填洼；E—蒸发；ET—蒸散

图1–1 地表产流过程示意

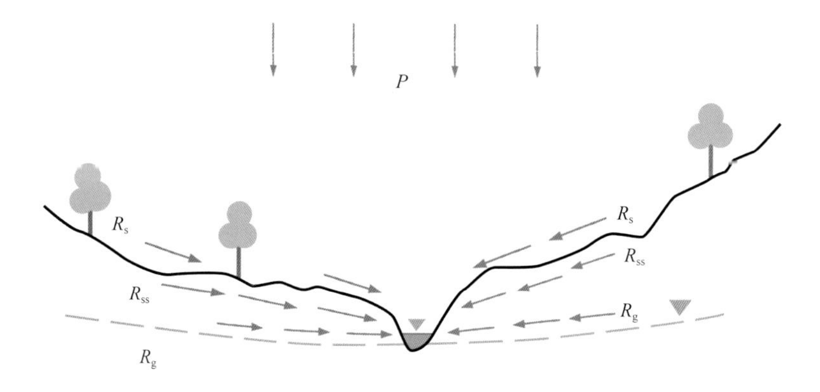

P—降水；R_s—坡面漫流；R_{ss}—壤中水汇流；R_g—地下水汇流

图1-2 地表汇流过程示意

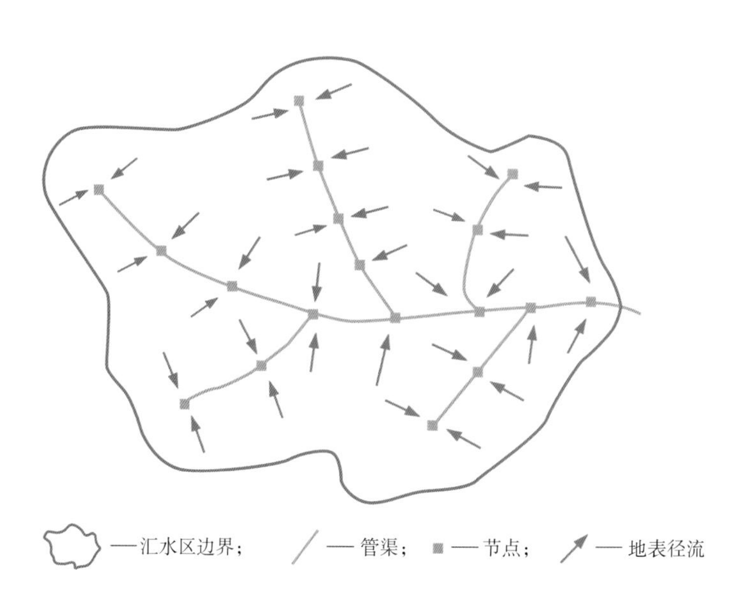

图1-3 管网汇流过程示意

1.2 公园绿地海绵系统的构建目标

公园绿地海绵系统的构建涉及雨洪径流总量控制、径流峰值控制、径流污染控制、雨水资源化利用、内涝风险防范和生态环境改善等多方面。位于不同地区的不同项目应结合所在地的气候、土壤、地质和水文条件等特点，合理选择一项或多项目标作为规划设计目标。由于径流污染控制目标、雨水资源化利用目标基本可通过雨洪径流总量控制达到，所以很多公园绿地海绵系统以雨洪径流总量控制为规划设计首要控制目标。

1.2.1 削减雨洪径流总量

海绵系统的雨洪径流总量控制一般以年径流总量控制率为管控指标。为推进海绵城市建设，2014 年 10 月住房和城乡建设部发布了《海绵城市建设技术指南——低影响开发雨水系统构建（试行）》，各地针对自身情况和特点也出台了海绵城市建设导则或技术手册，对“绿地与广场用地”新建、扩建、整体改建项目的年径流总量控制率均提出了要求。以《天津市海绵城市建设技术导则》（简称《导则》）为例，《导则》提出，对于新建、扩建以及整体改建的公园绿地（G1），其年径流总量控制率应不低于 85%，如表 1-1 所示。虽然公园绿地的下垫面以绿地、沙地为主，综合径流系数较低，但是其应达到的年径流总量控制率也不是越大越好。理论上，开发建设后的径流排放量应接近开发建设前自然地貌时的径流排放量，因此年径流总量控制目标的制定要综合考虑开发建设前地表下垫面类型、土壤性质、地形地貌、植被覆盖率、当地水资源状况以及经济发展水平等多方面因素。

表1-1 绿地与广场用地年径流总量控制率

项目分类名称	用地代号	年径流总量控制率	
		新建、扩建	整体改建
绿地与广场用地	G1、G2	≥ 85%	≥ 85%
	G3	≥ 80%	≥ 70%

1.2.2 减小雨洪径流峰值流量

公园绿地海绵系统中的低影响开发措施一般对中小降雨事件的峰值削减表现出较好的效果；对强降雨、特大暴雨的雨洪径流可起到一定的错峰、延峰作用，但此时对峰值削减的幅度较小。若公园绿地能与城市雨水管渠系统、超标雨水径流排放系统相衔接，则可对公园以外一定范围内城市排水分区的雨洪径流峰值起到削减作用。

1.2.3 减少雨洪径流面源污染

径流污染控制也是海绵系统管控的主要目标之一。就公园绿地本身而言，由于公园绿地的下垫面中径流污染物含量较低，对径流污染去除的需求不大。在很多情况下，公园绿地海绵系统通过沉淀、筛滤等物理方法，利用植物根系、土壤孔隙等对雨水进行生物净化，发挥降低外源雨水径流污染物含量的作用。海绵系统作为城市中的生态屏障，可避免受面源污染影响的城市雨水径流在未经处理的情况下经市政管网直接排入自然水体，导致自然水体的水质恶化。来自公园外围的雨水径流的水质较差，如城市道路产生的雨水径流占城市雨洪径流总量的25%，但其包含的污染物却占雨水径流污染物总量的40%～80%，TSS（总可溶性固形物）、COD（化学需氧量）等水质指标超标严重，因此园外的雨水径流在进入公园绿地之前应进行初期弃流，以提高公园海绵措施减少径流面源污染的效率，兼顾公园的审美、游憩需求。

1.2.4 合理利用雨水资源

公园内有集中绿地和（或）水体，因此应将雨水的集蓄和资源化利用作为公园绿地海绵系统规划的重要控制目标，这也是公园可实现较大年径流总量控制率的主要途径。集蓄的雨水可用于公园的绿化灌溉、景观水体的补充以及园内设施的日常清洗。在具体的海绵设施建设过程中，公园内雨水的下渗和资源化利用比例需根据实际情况，通过合理的技术经济比较来确定。

1.2.5 改善城市生态环境

公园是城市重要的绿色基础设施，应最大限度地发挥其中的湖泊、坑塘、湿地、沟渠、绿地等要素的雨洪管理能力、微气候调节能力和物种多样性培育能力，通过科学的规划设计，实现雨水的自然积存、自然渗透、自然净化和可持续循环，维护城市公园绿地及周边区域良好的水文环境。

1.2.6 降低城市内涝风险

公园，特别是综合公园，因具有大规模的集中绿地和水体，往往具有较强的调蓄能力，因此公园绿地的海绵系统应尽可能地建立起与城市雨水管渠系统、超标雨水径流排放系统的联系，为城市建立从源头到末端的全过程雨水管控体系提供支撑，从而达到城市总体的内涝风险防范目标。在此情况下，低影响开发设施、城市雨水管网和泵站的相关设计参数应参照《室外排水设计标准》（GB 50014—2021）进行设定。

综上所述，各地区应根据当地的降雨特征、水文地质条件、径流污染状况、内涝风险控制要求和雨水资源化利用需求等，优先解决当地在水安全、水环境、水生态、水资源 4 个方面的突出问题，科学合理、有所侧重地制定公园绿地海绵系统的控制目标。

第 2 章　公园绿地海绵系统单项措施及综合评价

2.1 渗透措施及评价

渗透措施是分散雨水径流使其渗透到地表下的措施，包括自然渗透措施和人工渗透措施。绿地是天然的渗透设施，它可以截留并且净化雨水径流。绿地的面积不同，土壤性质不同，其渗透能力也不同。此外，绿地的渗透性能还受雨水径流颗粒物的影响，因此需要采取相应的人工渗透措施进行辅助，如透水路面有渗透管沟、渗透井等人工增渗设施。典型的入渗措施包括设置透水铺装、渗透洼地、下凹绿地、雨水花园、渗透管沟、渗透井等，表 2-1 对各类渗透措施的应用进行了评价。

表2-1 渗透措施应用及评价

技术设施	功能	设计要点	局限性	应用范围
透水铺装	过滤、渗透	面层和结构的透水性、承载能力	渗透功能单一，无调蓄能力	广场、园路、停车场
渗透洼地	渗透、调节	土壤结构、盆地深度和面积	要考虑土壤渗透性、地形平缓度	结合各类绿地应用
下凹绿地	渗透、调节	场地与绿地的高度差控制	要考虑土壤渗透性，削减雨水径流的能力有限	结合各类绿地应用
雨水花园	渗透、净化	植物选择、溢流设施设计	不适用于土壤含水饱和、排水不佳或潮湿凹陷的区域	结合各类绿地应用
渗透管沟	渗透	进水水质	容易堵塞，管理受限	在不影响道路和房屋基础的绿地应用
渗透井	渗透、调节	进水水质	过多的污染物会影响其功能	结合各类绿地应用

2.2 滞留、调蓄措施及评价

滞留措施可改善、净化雨水径流的水质。雨水径流被拦截后，采取滞留措施对其进行过滤和沉淀，能处理大多数的污染物。相应的滞留设施既包括自然设施（如天然水体、天然洼地等），又包括人工设施（如滞留池、储水池等）。除净化水质外，滞留措施还能控制径流量。在控制和利用从周边地区引入的外源雨水时，滞留措施常与预处理措施结合使用。

调蓄措施的主要作用是滞纳雨水径流。在暴雨时，相应的调蓄设施既可以临时储存、调节雨水，也能控制降雨洪峰值，达到错峰的效果。公园内的景观水体以及城市水系都可以调蓄雨水。

美国亚特兰大的富士沃德（Fourth Ward）公园地处低洼地段，以前逢雨必涝，被改造后，整个公园对雨水起到了调蓄作用。周边的雨水会通过地表和地下的管网汇集到公园，再经过各种景观传输途径流入下方滞留池。公园利用滞留池常水位和最高水位之间的巨大空间来储存和调蓄雨水，并将超过设计调蓄能力的雨水排入下游的雨水管道系统中。暴雨过后，调蓄的雨水再通过绿地喷灌、下渗、蒸发等方式减少，使滞留池的水位逐渐恢复到正常水位。在滞留池边缘种植各类净水植物，可以减缓径流流速，净化水质。滞留、调蓄措施应用及评价如表 2-2 所示。

表2–2 滞留、调蓄措施应用及评价

技术设施	功能	设计要点	局限性	应用范围
绿色屋顶	调节、净化	结构荷载、防水	滞留量有限，雨量越大，滞留量越少	住宅商业区、公园展厅、服务建筑
滞留池	滞留、净化	大小、规模的确定以及标高控制	易汇集污染物而造成沉积，需要定期维护和管理	结合各类绿地应用
雨水塘	滞留、净化	容量计算、水景设计、植物选择、安全性设计	汇水面积大，造价高且需要经常维护	结合现有水体或地势在低处布置

2.3 传输措施及评价

传输措施能临时滞留和疏导径流，一般利用重力作用收集、输送雨水，属于动态的雨水处理措施；可过滤污染物，通常与其他海绵措施相结合发挥作用。相应的传输设施具有明显的线性分布特征。传输措施应用及评价如表 2-3 所示。

表2-3 传输措施应用及评价

技术设施	功能	设计要点	局限性	应用范围
植草沟	渗透、传输	结合地形设计，注重坡度控制、防冲蚀、溢流处理	坡度大、流量大的地方容易被冲蚀，需要定期维护	沿道路线性布置或结合绿地应用
旱溪	渗透、传输	结合景观设计，注重转角、入水口及出水口的消能处理	净化能力有限	在场地汇水区、冲沟或坡度较大处应用，或结合绿地应用

2.4 净化措施及评价

海绵城市的净化措施强调利用自然力量净化水体，典型措施包括设置前塘、砂滤池、植被缓冲带以及人工湿地。其中，人工湿地是通过模拟自然湿地的结构、功能、布局以及水文过程人工建造的具备水质净化功能的雨洪净化设施。它运用物理方式和植物微生物等净化雨水，能高效地控制雨水径流污染。净化措施应用及评价如表 2-4 所示，各类海绵措施在以公园绿地为主的各类城市绿地中的适用性如表 2-5 所示。

表2-4 净化措施应用及评价

技术设施	功能	设计要点	局限性	应用范围
前塘	过滤、沉淀	确定规模，掩盖景观	去除污染物种类少，需要定期维护	结合其他净化前塘措施使用
砂滤池	去污、净化	确定场地坡度、处理水量与规模，掩盖景观	在滞洪方面几乎不起作用，处理水量有限，需要经常维护	在面积小的场地，结合其他净化措施使用
植被缓冲带	净化、渗透	确定位置、规模、坡度，选择植物	只能处理较小汇水面积的水量，需要定期维护	结合景观水体和道路周围大面积绿地布置
人工湿地	滞蓄、净化	确定处理水量、规模和类型，选择土壤和植物	占地面积大，需要水源的补充	结合各类绿地应用

表2-5 各类海绵措施在以公园绿地为主的各类城市绿地中的适用性

技术设施	综合公园	专类公园	社区绿地	带状绿地	街头绿地
透水铺装	√	√	√	√	√
渗透洼地	√	√	√	○	○
下凹绿地	√	√	√	√	√
雨水花园	√	√	√	√	√
渗透管沟	√	√	√	√	√
渗透井	√	√	○	○	○
绿色屋顶	√	√	√	√	√
滞留池	√	○	×	×	×
雨水塘	√	√	○	×	×
植草沟	√	√	√	√	√
旱溪	√	√	√	√	○
前塘	√	√	○	×	×
砂滤池	√	√	○	×	×
植被缓冲带	√	√	○	√	○
人工湿地	√	√	○	×	×

注：√ 为适用，○为一般，× 为不适用。

第 3 章 公园绿地海绵系统规划设计

3.1 公园绿地海绵系统规划设计内容

3.1.1 构建弹性海绵系统

构建公园绿地海绵系统时，首先要在了解场地或区域现有雨洪管理模式的基础上，将海绵设施与公园内的绿地、水体、活动场地的景观设计充分结合，促进公园内雨水的循环过程或者说管理方式向更接近自然水循环模式的方向转变，形成以雨水自然下渗、蓄积、净化、传输为特点的雨洪管理模式；其次要结合公园内不同规模的绿地、水景，构建针对不同降雨等级的多层级海绵系统。这是满足公园雨洪管理需求以及市民的审美需求与活动需求的主要途径，否则可能造成为达到雨洪管理目标而牺牲公园内活动空间或绿地景观品质的问题。在构建公园绿地海绵系统时，应特别考虑在强降雨条件下公园绿地海绵系统与公园外人工排水系统、超标雨水径流排放系统的衔接。这对海绵公园在更大尺度上发挥雨洪调控能力、促进城市自然水循环良性发展具有重要意义。

3.1.2 创造宜人的景观氛围

“海绵”是对雨水“可存可用”特点的恰当比喻。海绵城市建设促进了城市建设相关人员雨洪管理观念的转变，强调了雨水的资源性。这种资源性除了强调雨水作为“水”的使用价值外，还强调雨水在提升公园品质、创造宜人的公园景观方面的重要价值。

与传统地下管网雨水管理方式中的雨水在人们的视线之外不同，海绵公园设计中的雨水作为可视化元素，会成为公园景观的一部分。因此，海绵公园绿地所关注的雨洪管理绝不仅仅是一种涵盖雨洪调蓄、水质净化以及资源保护等的技术科学，它还是一项“设计”。当雨水成为公园中一种可见、可触、可听、可赏的元素时，充分利用它的流动性、自然性、娱乐性去提升公园空间的审美品位、提高公园内游人游赏的参与度，成为海绵公园景观规划设计不可缺少的内容。同时，雨水循环过程的地上“展示”亦有助于提高市民对雨水循环过程的认识，加强市民对水环境的关注，发挥公园的教育科普作用。

综上所述，海绵公园的系统规划、设施设计，既要强调雨水资源化的创新性、灵活性，同时也要非常关注其与环境的融入度。

需要说明的是，虽然海绵理念强调自然做功，但是海绵设施并不拘泥于自然形式，任何可与周围环境呼应、能够发挥预期功能的海绵设施或系统都是可用的。

3.1.3 满足多重功能需求

海绵系统及设施的规划设计应首先满足初始的雨洪管理需求。在对场地地形、土壤渗透性、地下水位、水质等要素进行充分分析的基础上，明确场地存在的水环境问题及可改善的潜质，是提高规划设计方案与基地条件的适应度、保障海绵设施预期功能发挥的重要基础。

其次，规划设计人员应依据公园的功能分区、景观风貌对雨洪管理技术设施的基本构造、做法、材料选取等进行调整、创新，充分挖掘不同环境空间中雨洪管理设施不同的功能特点，对不同设施进行组合运用，以创造多种多样的可能性，带来功能的联合和延伸，使得海绵系统及设施不仅能满足基本的水量控制、水质改善的需求，而且能营造多样生境，提供休闲娱乐场地，改善场地微气候等。

3.1.4 多专业、多系统的综合与联动

海绵公园的规划设计不可避免地与水利工程、环境工程、市政工程、城市规划、城市设计以及景观规划设计等多领域知识相关联。例如，水文学、水力学研究中常用的 SWMM（Storm Water Management Model，雨洪管理模型）对于中小尺度场地海绵系统构建方案的形成、校核具有较强的辅助作用。SWMM 是 1971 年由美国环境保护署主持开发的城市雨洪管理计算机模拟程序，主要用于模拟城市区域的动态降雨，计算得到径流水量和水质的短期及连续性结果。近年来，使用 SWMM 研究城市雨洪问题的人越来越多。研究人员、规划设计人员可依据 SWMM 获得不同降雨条件下场地的积水点位置、积水深度、城市市政排水系统的盲点等信息，由此指导海绵方案的编制。SWMM 内载有 LID 模块，提供了包括生态滞留池、植草沟、渗透沟、透水铺装、集水箱等在内的多种雨洪管理设施的数字模块。利用该模型，可获得海绵系统构建前后场地产流量与峰值流量的变化率、峰值错后时间等

多项指标。这些指标均可作为系统有效性的考核因素。结合SWMM进行规划设计，简单便捷，而且可以对系统建成后的效果进行预测，极大地避免了规划设计的盲目性。

除了多专业的联合外，研究人员、设计师以及城市建设管理者间的协调合作对于海绵公园建设而言也非常重要。这可以保障海绵城市建设所倡导的“规划引领、生态优先、安全为重、因地制宜、统筹建设”原则贯彻在建设的各个阶段，保障方案的高效落实。

3.2 公园绿地海绵系统的调控路径

3.2.1 径流控制阶段划分

城市公园绿地的径流形成过程在空间和时间上存在一定的上下游路径关系。按照城市公园绿地的径流控制阶段，公园绿地海绵系统一般可分为源头控制、中途传输和末端调蓄3个部分。城市公园绿地中的源头是指地表产流和地表汇流的发生区域，主要包括公园中绿地、广场、道路等除去传输与排水设施的空间范围；中途是指管渠间汇流发生的区域，主要包括公园中雨水管渠、明沟、植草沟等线性传输与排水设施的空间范围；末端是指管渠汇流的下游区域，主要包括公园中管渠、明沟等排水设施末端出水口位置附近的空间范围。当然，源头、中途和末端是一组相对的空间概念，在实际的公园绿地中三者的划分往往并没有严格的界限。

在源头、中途和末端3个阶段，人们采取不同的雨洪管理措施。源头控制设施主要包括下凹绿地、生物滞留设施等；中途传输设施主要包括植草沟、渗管、渗渠等；末端调蓄设施主要包括干塘、湿塘、景观湖、雨水湿地等。城市公园绿地中3个径流控制阶段的雨洪管理措施分类如表3-1所示。

表3-1 城市公园绿地中3个径流控制阶段的雨洪管理措施分类

控制阶段	技术措施	空间位置	主要功能	处置方式
源头	下凹绿地	园内绿地、广场、道路等区域除去传输与排水设施的空间范围	滞蓄和净化雨水径流，渗透补充地下水	分散
	生物滞留设施			
中途	植草沟	雨水管渠、植草沟等线性传输与排水设施的空间范围	传输雨水径流，起到一定净化作用	分散
	渗管、渗渠			
末端	干塘、湿塘、景观湖、雨水湿地	公园中管渠、明沟等排水设施末端出水口位置附近的空间范围	调蓄雨水径流，渗透补充地下水，起到一定净化作用	集中

3.2.2 公园绿地海绵系统调控路径的典型模式

根据城市公园绿地的径流控制阶段划分，公园绿地海绵系统的调控路径应包含源头蓄渗、中途有组织汇流传输以及末端集中调蓄 3 个部分。由于公园绿地具有消纳自身及周边一定范围内城市汇水分区产生的雨水径流的功能，可与城市雨水管渠系统和超标雨水径流排放系统衔接构建“大海绵”体，提高区域内涝防治水平，因此公园绿地海绵系统的调控路径可分为内源调控、外源调控以及复合调控 3 类。内源调控指公园内的海绵系统仅对公园内的雨水径流进行管控；外源调控指公园内的海绵系统需对其周围一定范围内城市汇水分区产生的雨水径流进行管控；复合调控指公园同时对公园内径流和公园外城市径流进行管控。需要说明的是，由于公园绿地的综合径流系数低且大多具有调蓄大量雨水径流的能力，故调控路径设计应使其海绵系统具有应对强降雨和中小降雨不同情况的能力。城市公园雨洪管理系统的调控路径如图 3-1 所示，社区公园雨洪管理系统的调控路径如图 3-2 所示，人工湿地雨洪管理系统的调控路径如图 3-3 所示。

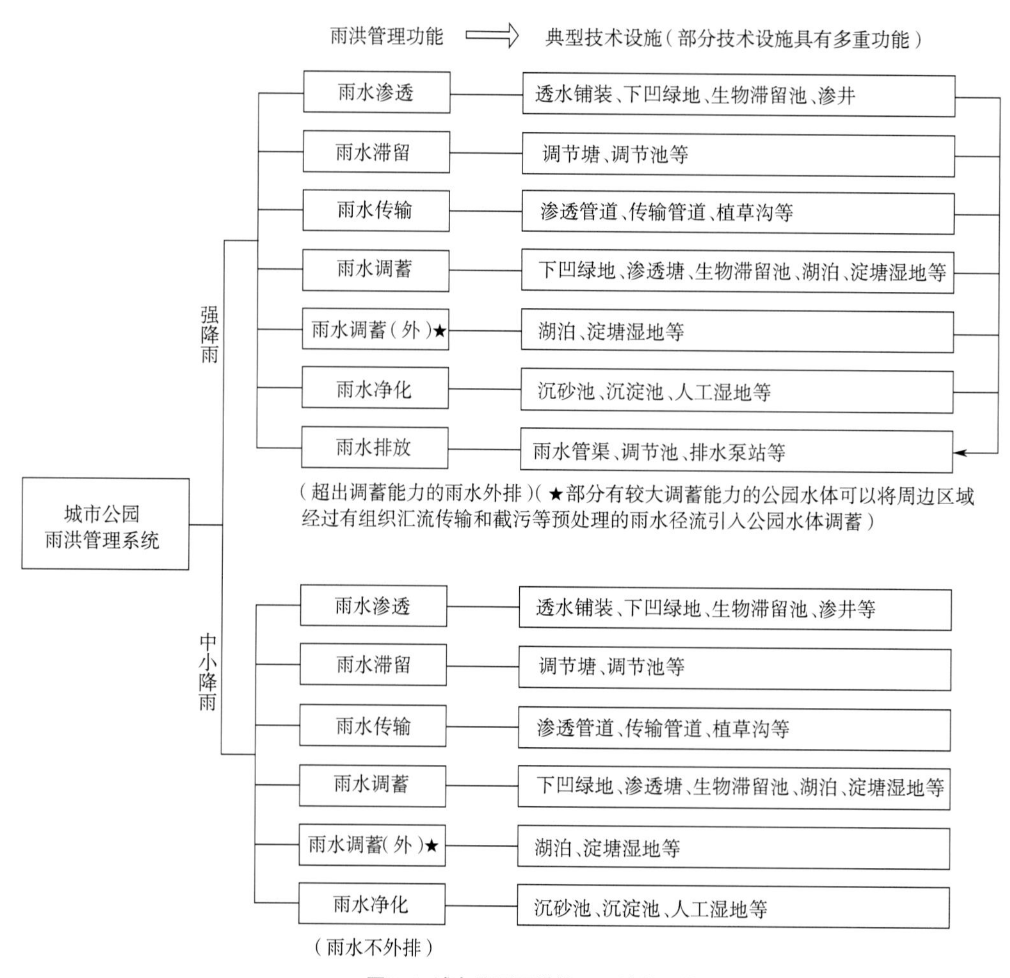

图3-1 城市公园雨洪管理系统的调控路径

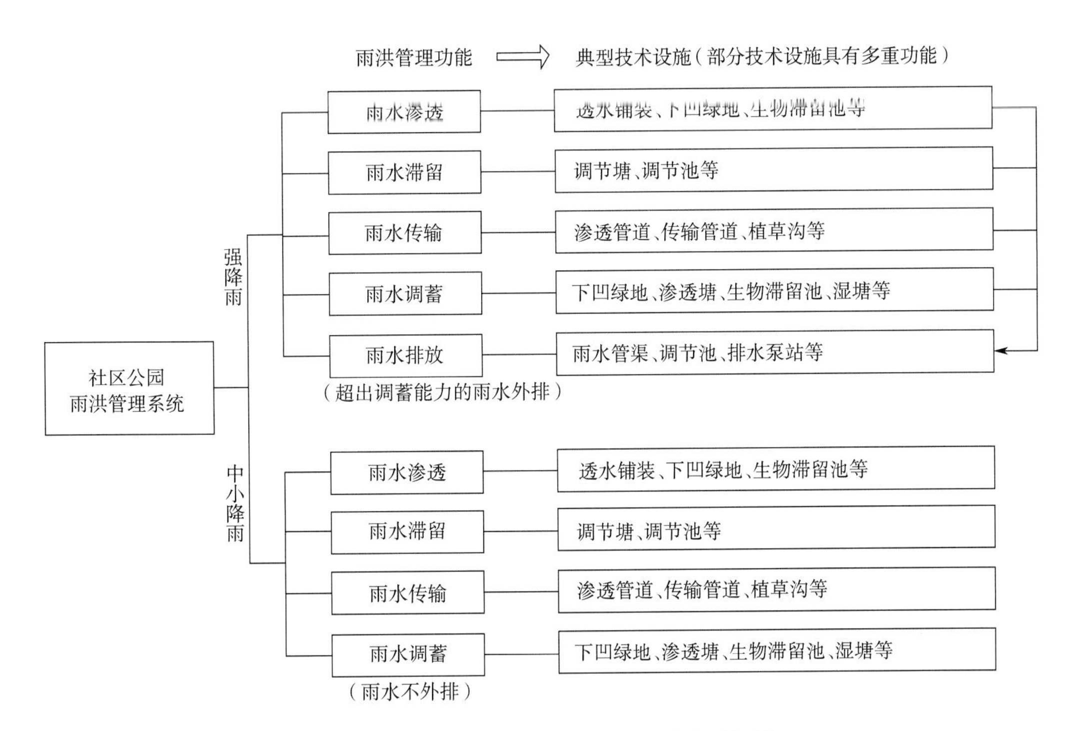

图3-2 社区公园雨洪管理系统的调控路径

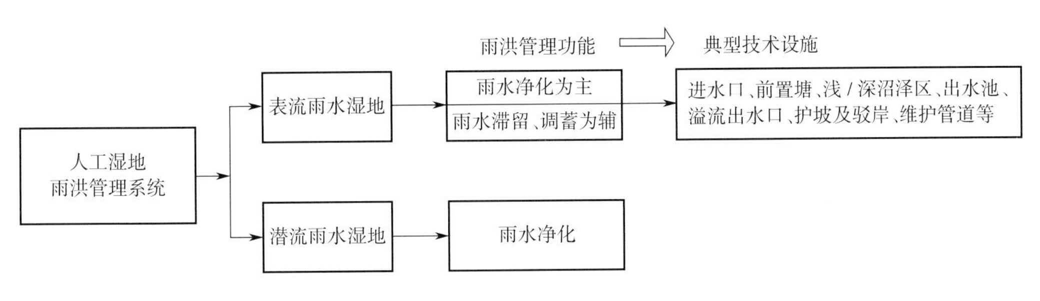

图3-3 人工湿地雨洪管理系统的调控路径

3.3 公园绿地海绵系统规划设计方法

城市公园绿地海绵系统的规划设计不仅要重视海绵设施的功能，更要将雨洪管理与景观规划设计相结合，在运用多种多样的景观元素（如地形、铺装、水、植物等）实现雨洪管理功能的同时，创造优美的景观环境。在景观规划设计中，要精心推敲海绵设施的形式、材质和颜色，以增强观赏性。景墙、叠石等公共艺术品应与水景相结合，以突显雨洪管理的主题，烘托环境氛围。多样化配置的植物不仅可以涵养水源、补充地下水，还可以与景观要素相结合，产生意境美。此外，在海绵公园中，应尽可能地将雨水径流的管理过程以景观的形式展示出来，使人们更加深刻地感知和体验海绵景观的设计思路及雨洪管理过程，加强市民对水资源的重视程度，鼓励全民参与海绵城市建设。

城市公园绿地海绵系统需要处理的雨水径流有两个来源：一个来源是公园内部场地；另一个来源是公园周围一定范围内的汇水分区。公园内部场地产生的雨水径流在园内可就地削减，若遇强降雨，源头海绵设施中溢流出的雨水径流经园内地表有组织的汇流路径可传输至终端蓄排设施中。此外，公园绿地是城市中重要的绿色基础设施，为了充分发挥其生态效益，还应进一步挖掘公园绿地对周围一定范围内汇水分区的雨洪管理能力，与城区雨水管渠系统和超标雨水径流排放系统相衔接，创建外部雨水径流汇入公园绿地的传输通道，提高区域整体的防洪排涝能力。因此，本节从内源雨洪管控和外源雨洪管控两个方面对海绵系统规划设计方法展开讨论。

3.3.1 内源雨洪管控的景观规划设计方法

1. 以源头控制为主的景观规划设计

源头控制是园内雨洪管理的首个环节。场地内的雨水径流在屋面、绿地、道路等下垫面产生后，在产汇流过程的源头阶段经过海绵设施的渗透、滞蓄，径流总量减小。各种海绵化的景观形式如图 3-4 ～图 3-13 所示。雨水径流产生地点的位置、地形特点、下垫面类型、风格定位对源头控制设施的景观形式影响最大。

图3–4 铺装场地利用嵌草砖形成铺装韵律的同时提高渗透率
（来源：https://beatpie.tumblr.com/post/43887731764/new–high–school–campus–for–the– cultural–institute）

图3–5 铺装场地利用镂空砖形成铺装韵律的同时提高渗透率
（来源：https://afotw.tumblr.com/post/112239962958）

图3–6 儿童活动场地选用颜色鲜艳的透水铺装材料
(来源：https://mooool.com/downer–avenue–park–by–ground–inc.html)

图3-7 下凹式广场在形成聚集空间的同时对雨水起到滞蓄作用
（来源：https://kukarta.ru/park-krasnodar-park-galitskogo/）

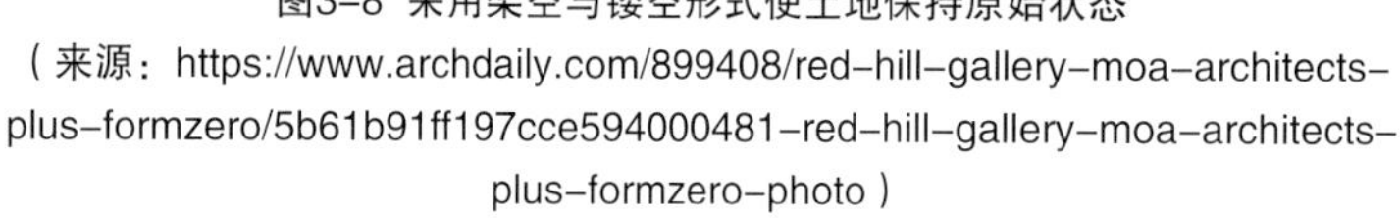

图3-8 采用架空与镂空形式使土地保持原始状态
（来源：https://www.archdaily.com/899408/red-hill-gallery-moa-architects-plus-formzero/5b61b91ff197cce594000481-red-hill-gallery-moa-architects-plus-formzero-photo）

图3-9 公园中的草地促进雨水自然下渗

图3-11 生物滞留池与路旁绿化相结合
(来源：https://www.gooood.cn/2015asla-phil-hardberger-park.htm)

图3-10 起伏的微地形可增强场地对雨水的滞留能力
（来源：《城市公园绿地雨洪管理措施方法研究——以天津市为例》，王子滢）

图3-12 建筑旁侧通过卵石带强调边界，同时缓解屋顶落雨对绿地的冲击
（来源：https://www.gooood.cn/2016-asla-general-design-honor-awards-converging-ecologies-as-a-gateway-to-acadiana-by-carbo-landscape-architecture.htm）

图3-13 绿地中的微地形在保证乔木生长的同时实现对雨水径流的蓄积(组图)
（来源：https://mooool.com/ykk-center-park-by-a-p-l-design-workshop.html）

2. 以中途传输为主的景观规划设计

中途传输指将源头控制设施无法消纳的溢流径流输送、转移、疏导至末端调蓄设施中，是园内雨洪管理的中间环节，如图 3-14 ～图 3-30 所示。合理布设中途传输环节的线性设施既可以延长雨水汇流路径，从而延长雨水径流汇集到末端调蓄设施或排水管网的时间，起到错峰、削峰的作用，同时也可以过滤、拦截雨水径流中的污染物。中途传输设施作为公园中的带状景观要素，其景观形式、所用的材质与所在场地的竖向变化关系最为密切。

图3-14 艺术化的雨水箅子在实现径流传输的同时提升传输设施的美观性与实用性（一）
（来源：https://www.flickr.com/photos/sitephocus/5272370347/）

图3-15 艺术化的雨水箅子在实现径流传输的同时提升传输设施的美观性与实用性（二）
（来源：https://www.houzz.com/photos/lafayette-contemporary-landscape-san-francisco-phvw-vp~60766）

图3-16 艺术化的雨水箅子在实现径流传输的同时提升传输设施的美观性与实用性（三）
（来源：https://landperspectives.com/tag/stormwater/）

图3-17 道路旁侧可通过卵石沟或植草沟输送雨水、强化道路边界
（来源：https://www.gooood.cn/huhaitang-park-reconstruction-project-china-by-cccc-fhdiengineering-co-ltd-shanghai-chidi-studio.htm）

图3-18 旱溪中的置石景观可降低雨水的汇集速度
（来源：https://www.redmond.gov/DocumentCenter/View/13416/05-07-20-Design-Review- Board-Agenda-Item-67th-Marymoor-Applicant-Materials-PDF）

图3-19 卵石沟在强化道路边界的同时传输雨水

图3-20 无水时旱溪中的置石景观

图3-21 降雨后储存了雨水的旱溪

图3-22 旱溪中多设置置石景观

图3-23 中途传输设施可使用旱溪这种表现形式
（来源：http://buero-christian-meyer.de/projekt/landesgartenschau-giesen-2014/）

图3-24 中途传输设施中的叠石景观

图3-25 绿地中的传输设施
（来源：https://mooool.com/water-landscape-park-sarzhyn-yar-by-sbm-studio.html）

图3-26 传输设施形成的带状景观
（来源：https://www.flickr.com/photos/jaroslavd/13659428835/）

图3-27 具有高差的跌水传输设施可采用自然的或规则的形式
（来源：https://i.pinimg.com/564x/26/7d/c7/267dc7ca12278bb6c33f647d370c4a04.jpg）

图3-28 通过石笼或挡墙延缓水流速度
（来源：https://mooool.com/agile-binheyajun-demonstration-area-and-community-park-landscape-by-up-s.html）

图3-29 湿润的卵石暗示雨水的传输过程（组图）
（来源：https://www.gooood.cn/woodland-rain-gardens.htm）

图3-30 卵石沟采用生态种植的方式提高景观丰富度
（来源：《城市公园绿地雨洪管理措施方法研究——以天津市为例》，王子滢）

3. 以末端调蓄为主的景观规划设计

末端调蓄是公园内雨洪管理的末端环节，主要借助园内的集中水面、绿地对雨水径流进行储存、净化，所收集的雨水用于景观营造、植物灌溉等，如图 3-31 ～图 3-37 所示。这对于水资源匮乏的地区具有重要作用。当降雨量过大，超过设计降雨强度时，末端调蓄设施可使过量径流溢流至城市雨水管渠系统或超标雨水径流排放系统，保障公园绿地的水安全。植物的种植设计、竖向设计是以末端调蓄为主的景观规划设计的重点。

图3-31 城市综合公园中的末端调蓄设施（一）

图3-32 社区公园中的集中调蓄水池
（来源：https://mooool.com/gellerup-city-park-by-effekt.html）

图3-33 末端调蓄设施可以人工湿地的形式呈现，从而形成丰富的植物景观层次
（来源：https://mooool.com/sydney-park-water-re-use-project-by-turf-design-studio.html）

图3-34 城市综合公园中的末端调蓄设施（二）

图3-35 末端调蓄设施形成辽阔的水面，可以拓宽视域、增大景深

图3-36 末端调蓄设施为居民提供亲水的场地
（来源：https://landezine.com/avon-river-park-terraces-city-promenade-by-landlab/）

图3-37 叠层式高差处理手法可丰富岸线与水面的景观效果
（来源：https://www.gooood.cn/2020-asla-general-design-award-of-honor-the-native-plant-garden-at-the-new-york-botanical-garden-ovs.htm）

4. 以水质净化为主的景观规划设计

各种海绵设施或多或少都有净化水质的功能。雨水湿地是指利用物理作用及水生植物、微生物的生物作用减少雨水径流污染物的一种人工湿地，是一种高效的径流污染控制设施。雨水湿地可分为表流雨水湿地和潜流雨水湿地两种类型。其多与湿塘合建并规划设计一定的调蓄容积，底部通常设计成防渗型，以便实现雨水的回收再利用和维持雨水湿地植物生长所需的水量。常见的雨水湿地形式如图 3-38 和图 3-39 所示。

图3-38 雨水湿地通过叠石与喷泉的方式进行曝气处理（组图）

图3-39 表流雨水湿地的植物可净化水质（组图）

1）表流雨水湿地

表流雨水湿地的净化原理、结构构造与自然湿地非常相似，因在固体介质上方有可自由流动的水体而得名。在此类湿地中，雨水在慢速流过湿地基质表面、植物根基部的过程中会发生一系列的物理、生化反应，从而使雨水得到净化。该类型湿地的固体介质一般采用天然介质（如土壤），较少使用或不用人工填料，水较浅，且在池底铺设防渗材料。表流雨水湿地具有建设成本低、净化能力形成周期短、后期维护简单、生态景观效果好等优势，适合处理除工业区、城市道路下垫面以外的其他下垫面产生的雨水径流。表流雨水湿地的设计要点如下。

（1）组成单元。表流雨水湿地一般包含 3 个净水模块，分别是沉淀前池、挺水植物区和沉水植物区。一般表流雨水湿地的具体组成如图 3-40 所示。

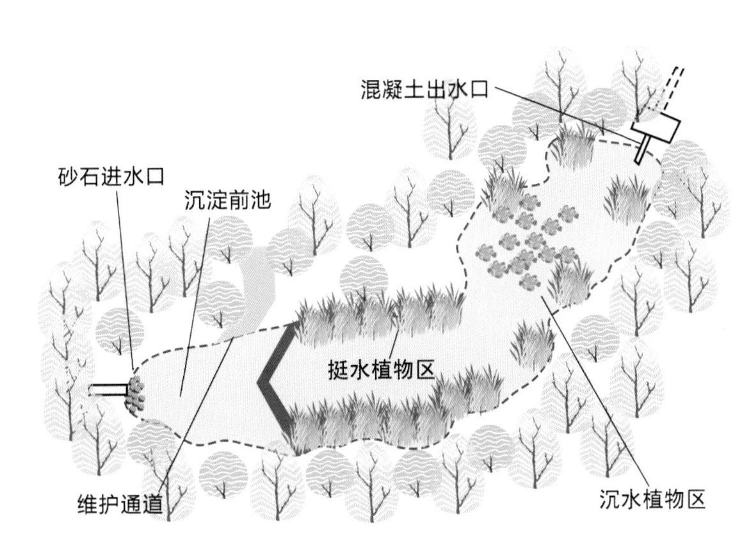

图3-40 一般表流雨水湿地的具体组成

（2）水力停留时间。为提高和保障湿地的净化效率，建议表流雨水湿地的水力停留时间为 10 ～ 15 d。不同水力停留时间对应的污染物处理效率如图 3-41 所示。

（3）水流路径长度。20 ～ 40 m 长的水流路径可以有效去除大部分污染物，如固体悬浮物、总磷等。但是对于去除总氮和细菌而言，水流路径长度建议值为 80 ～ 100 m。

（4）延长水流路径的方式。延长水流路径的方式如图 3-42 和图 3-43 所示。

（5）面积。湿地面积应为所处理产流区面积的 2% ～ 4%；如果在雨水径流进入湿地之前，规划设计有预沉淀池或滨水缓冲带，则湿地面积可缩小为所处理产流区面积的 1% ～ 2%。表流雨水湿地面积与其服务范围的关系如图 3-44 所示。

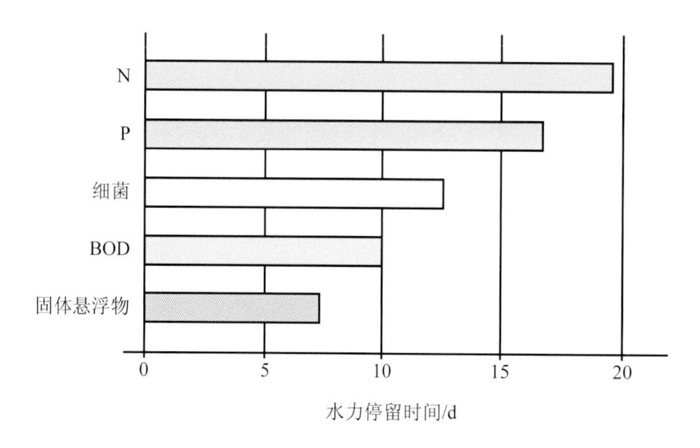

图 3-41 不同水力停留时间对应的污染物处理效率

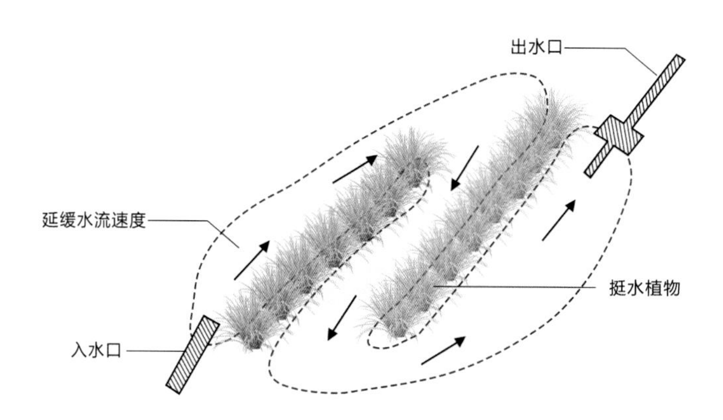

图 3-42 延长水流路径的方式（一）

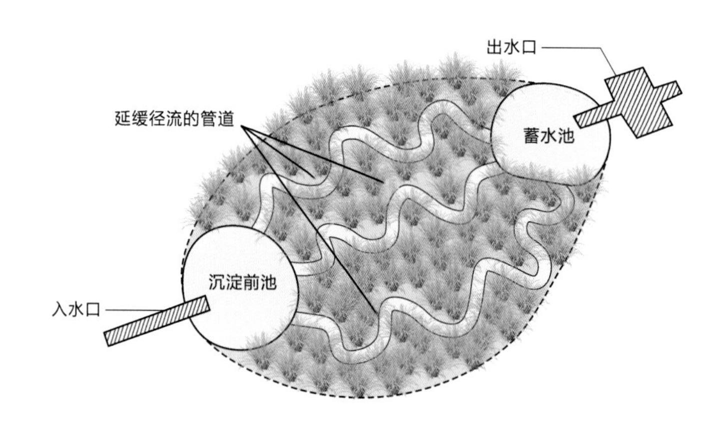

图 3-43 延长水流路径的方式（二）

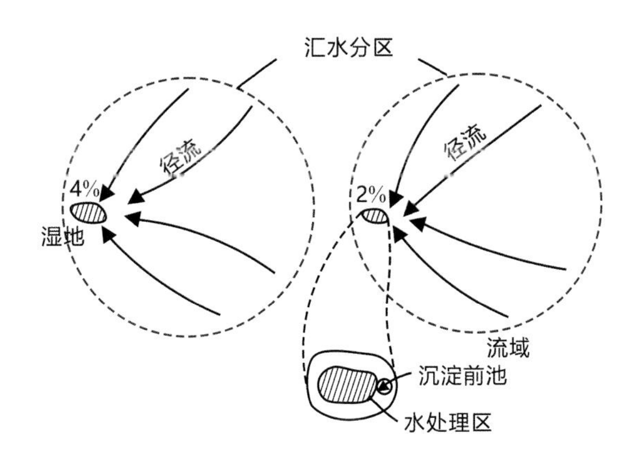

图3–44　表流雨水湿地面积与其服务范围的关系

（6）边界。湿地边界应模拟自然湿地形式，以蜿蜒曲折为宜，避免直线、直角等明显的人工要素出现。在相同面积下，曲折的边界可以使水陆交界线长度增加 10% ～ 20%。这不仅可以有效增强湿地的美感，而且可以避免直角可能产生的净水“死角”，提高净水效率，提高物种多样性。表流雨水湿地边界设计要点如图 3-45 所示。

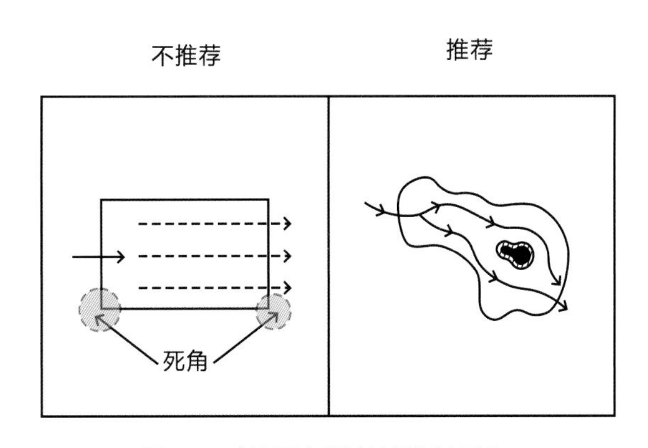

图3–45　表流雨水湿地边界设计要点

（7）长宽比。在理论上，湿地长宽比大于 2∶1（建议值为 3 ∶1 ～ 4 ∶1）时，具有最佳的水质净化能力和最高的污染物去除率；在实践中，湿地长宽比建议值为 2.5 ∶1，此取值兼顾净水效率和建设成本，性价比较高。表流雨水湿地长宽比示意如图 3-46 所示。

（8）剖面形式。湿地中水的深浅交替式设计可以显著提高湿地的污染物去除率，并提高湿地的生物多样性。表流雨水湿地剖面如图 3-47 所示。

（9）边坡。湿地边坡坡度建议值为 3 ∶1 ～ 5 ∶1，该坡度下土壤稳定性好，有利于野生动植物栖息和生长。此外，由于芦苇、芦竹等水生植物生长能力极强，甚至具有一定

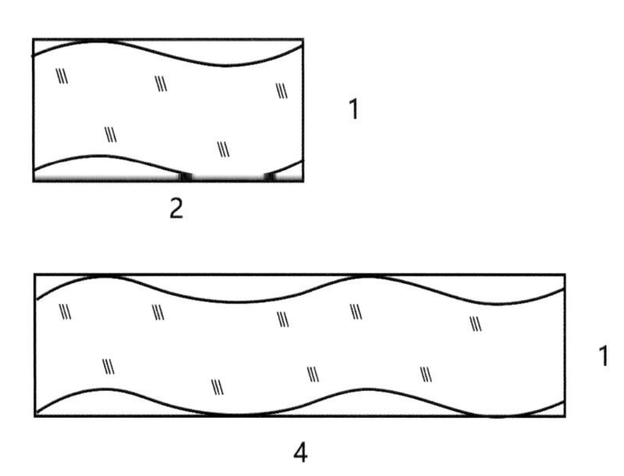

图3-46 表流雨水湿地长宽比示意（组图）

的侵略性，故可在边坡下角规划设计水下边沟，通过局部增加水深，限制某些水生生物的生长范围，保障一定的水面面积。表流雨水湿地边坡设计要点如图3-48所示。

2）潜流雨水湿地

潜流雨水湿地以亲水植物为表面绿化物，以砂石土壤为填料。雨水径流在湿地内部流动时，一方面填料表面生长的生物膜、丰富的植物根系、表层土和填料的截

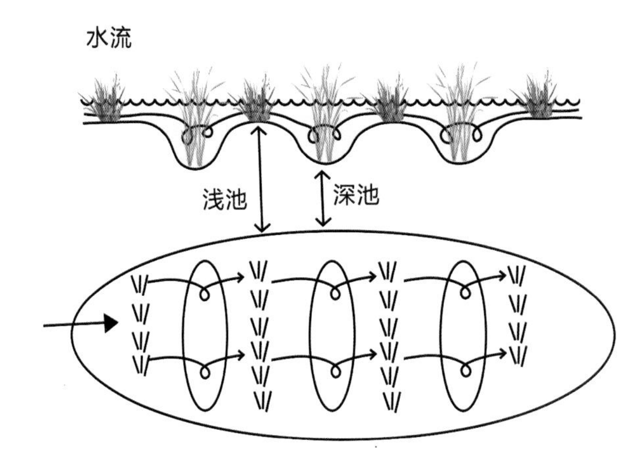

图3-47 表流雨水湿地剖平面示意

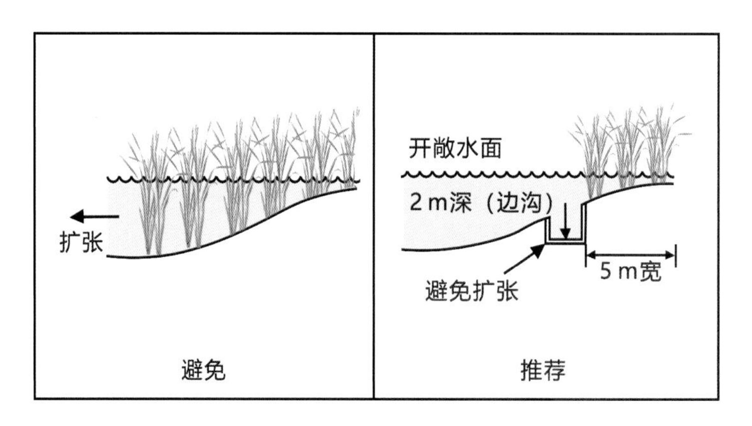

图3-48 表流雨水湿地边坡设计要点

留作用可有效净化雨水；另一方面，水在地表以下流动，环境的保温性能好，湿地对雨水的处理效果受气候影响小，卫生条件也较好。潜流雨水湿地中应种植穿透性和净化力强的植物，如香蒲、千屈菜、水葱等。潜流雨水湿地的结构特点使得湿地内的水流可以与植物根系和填料介质充分接触，故对 BOD（生化需氧量）、COD、TSS、重金属等污染物有较好的清除作用，但建设成本较高。潜流雨水湿地的设计要点如下。

（1）场地选择。潜流雨水湿地宜选择自然坡度为 0% ～ 3% 的洼地或池塘，以及未被利用的土地，并且要求该场地既不受洪水、潮水、内涝的威胁，也不影响行洪安全。

（2）组成单元。潜流雨水湿地系统可由一个或多个人工湿地单元组成，其中人工湿地单元包括配水装置、集水装置、基质、防渗层、水生植物及通气装置等。

（3）类型。潜流雨水湿地可分为水平潜流湿地和垂直潜流湿地。水平潜流湿地单元结构简图如图 3-49 所示，垂直潜流湿地单元结构简图如图 3-50 所示。

（4）设计参数。水平潜流湿地单元面积宜小于 800 m^2，垂直潜流湿地的单元面积宜小于 1 500 m^2；湿地单元长宽比宜控制在 3 ∶ 1 以下；规则潜流雨水湿地单元长度宜为 20 ～ 50 m（考虑均匀布水和集水）；潜流雨水湿地水深宜为 0.4 ～ 1.6 m；潜流雨水湿地水力坡度宜为 0.5% ～ 1.0%。

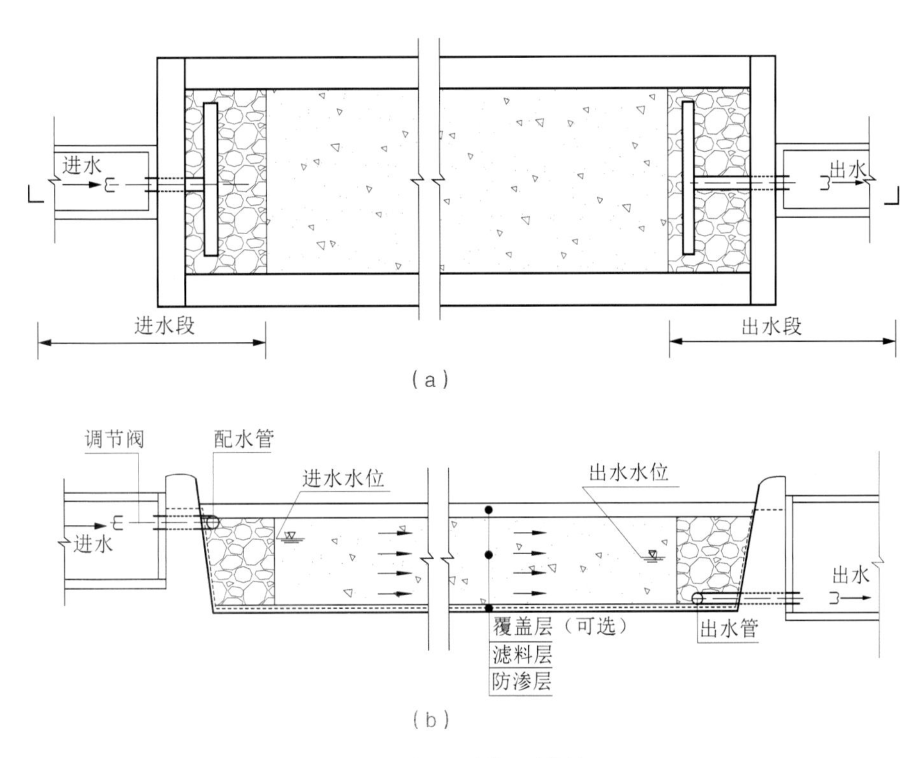

图3-49 水平潜流湿地单元结构简图
（a）俯视图 （b）剖面图

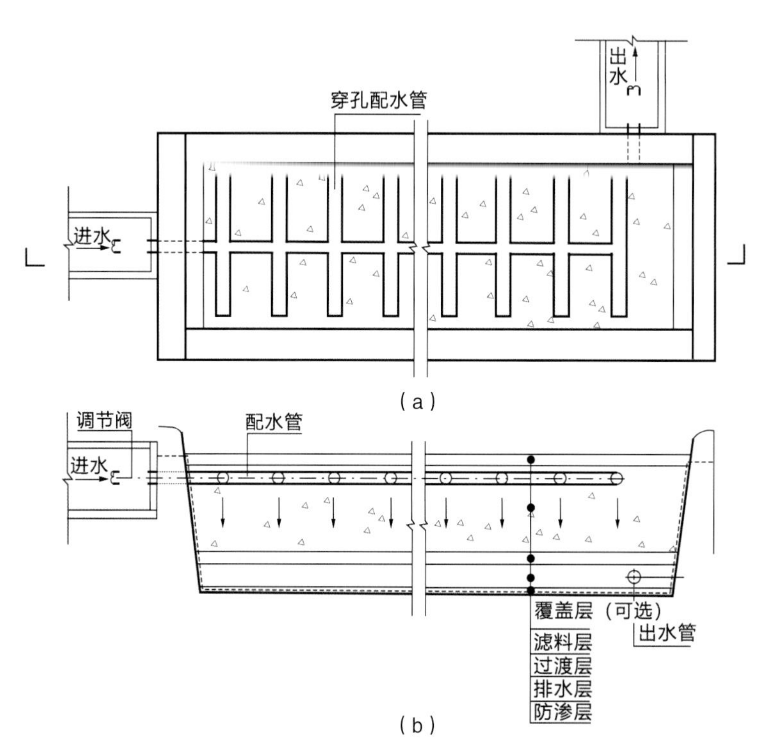

图3-50 垂直潜流湿地单元结构简图
（a）俯视图 （b）剖面图

5. 竖向设计

竖向设计主要包括对坡度和坡向的设计。

1）坡度

坡度可以决定雨水径流的流速和流量，同时影响雨水入渗量。一般来说，坡度越大，雨水径流量越大，径流汇集速度也越快，越容易对地表产生冲刷，造成危害。改变雨水径流的汇集速度主要有以下 3 种方式。

（1）为了降低雨水径流的流速，可以尽量减小绿地的坡度，促进雨水的下渗。

（2）在雨水径流路径上设置条石、石块等障碍物，种植适当的植物形成植被缓冲带等，降低径流的流速并满足景观需求。

（3）将原有坡地改造为台地的形式，形成梯田景观效果，可有效减缓雨水径流的流速。

坡度不仅影响径流的流速与流量，而且影响雨水在传输过程的渗透及过滤效果。因此低影响开发设施中植草沟、生态旱溪等的边坡坡度不宜大于 1 ∶ 3，纵坡不应大于 4%。纵坡较大时宜设置置石阶梯或在中途设置消能台坎。

2）坡向

坡向与雨水径流的流向相关，设计人员可在径流最终流向的区域设置集中调蓄设施。对于面积较小的场地，可在场地地势最低处设置雨水调蓄设施；对于面积较大的场地，应尽量保持原有地形走势，通过塑造、整理微地形，划分出若干汇水分区，使雨水就近汇集储存，并设置雨水调蓄设施。

3.3.2 外源雨洪管控的景观规划设计方法

1. 水绿优配

城市公园绿地不仅应具有源头控制、中途传输、末端调蓄的雨洪管控功能，而且在可能的条件下，还应引入周边区域的超载雨水进行滞蓄，以提高区域整体雨洪管控与内涝防治的水平。

水绿优配是指城市公园在已解决内部雨水管理问题的前提下，为周边城市单元提供雨洪管理服务的用地布局模式。优配表明提供径流调控服务的公园绿地与周边区域在雨水资源供需关系上的最优匹配状态。实现水绿优配的关键点在于结合公园定位，科学、合理地确定公园对外提供雨洪管控服务的范围、计算公园外源径流管控的调蓄容量，其具体实施路径如下。

首先，在满足公园绿地功能定位、景观效果呈现的基础上，评估公园绿地中的集中水面或大面积下凹绿地这类末端调蓄设施的调蓄潜力，通过海绵系统优化最大限度地挖掘其雨洪调蓄盈余量，明确末端调蓄设施的设计调蓄量和弹性调蓄量，即确定“绿”对区域外来雨水滞蓄的盈余量；其次，分析公园周边区域在超过设计降雨强度下不同等级降雨产生的超载径流量，根据城市公园绿地对外来雨水滞蓄的盈余量来确定其能够服务的周边区域的范围，即确定公园能够调蓄的“水”的来源；最后，以保障生态性、安全性和经济性为原则，通过对自然沟渠、水系等绿色系统和雨水管网灰色系统传输路径的优化，确定最佳的“水”“绿”优化调配方案。水绿优配指导下的单元间的空间关系示意如图 3-51 所示。

由此可见，水绿优配的核心是通过多情景评估的量化分析方法，在保障公园功能和确定超载径流引导入园可行性的前提下，平衡公园绿地的调蓄盈余量和一定空间范围内城市区域超载雨量间的数量关系，最终求出最优解。水绿优配能够调控设计降雨强度下公园外一定范围内雨水径流在灰色管网、公园绿地及河湖水系中的配额和汇流过程，具有将点状的公园绿地引入城市现状排水网络（由市政管网和河湖水系组成）的能力，从而使公园绿地能够真正参与到城市水文循环过程中，不再是雨洪管理的孤岛，这对于海绵城市建设、城市可持续雨洪管理体系的构建具有重要意义。

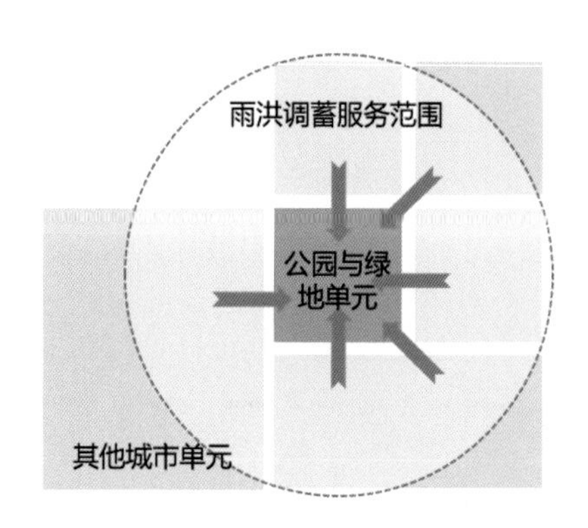

图3-51 水绿优配指导下的单元间的空间关系示意

2. 传输引入

城市汇水分区产生的雨水径流进入公园绿地的模式主要有以下 3 种。

（1）雨水被市政管网引流至泵房或蓄水区，经水泵提水，进入园内。

（2）雨水从汇水分区末端的自然河湖水体中经水泵提水或受重力作用自流至园内，如成都活水公园抽取府南河河水入园，河水经生态化管控措施处理后再回流至府南河。

（3）若所在汇水分区临近处理雨水的污水处理厂，也可从污水处理厂末端提水，或让雨水靠重力自流至园内。

3. 消能沉淀

从外部引入的雨水径流流速大，因此需要设置消能设施来降低径流流速。设计时，可采用叠石、卵砾石洼地、石笼等防冲能力强的设施作为外源径流进入园内的入口，实现缓冲功能，降低雨水径流的冲击力，也常见在入口处设置假山景观用于遮挡泵房。一般情况下，外源雨水引入区域的景观效果较差，可利用植物、景墙、雕塑等予以遮挡。

4. 二次净化

防冲消能设施应首先衔接沉淀前池，大幅降低水流流速，促进大颗粒固体污染物沉淀，起到物理初滤净化的作用，快速降低入园雨水径流的浊度，改善水景的观感效果。沉淀前池下游可与表流雨水湿地或潜流雨水湿地衔接，去除径流中的氮、磷、COD 等易于造成水体富营养化的污染物。

5. 调蓄利用

外源雨水径流在经过消能减速与过滤净化处理后才能被调蓄利用，通常情况下有储存利用与滞纳排放两种方式。至此，外源雨水径流与内源径流汇合，共同作为景观用水以及用于绿化灌溉和园内的清洁养护。

第 4 章 城市海绵公园规划设计流程

城市公园绿地海绵系统规划设计流程包括现状调查及问题评估、海绵公园规划设计目标的确定，在完成景观规划设计概念方案的基础上，进行海绵公园竖向设计及汇水分区划分、公园海绵系统设施选择与布局，然后通过海绵系统中各设施的规模计算，最终进行公园海绵系统方案的优化。

4.1 现状调查及问题评估

对场地现状自然环境的特点进行充分了解，可为海绵公园雨洪管理系统的规划设计提供灵感，并直接决定着规划设计方案中雨洪管理系统作用的正常发挥。场地的气象特征、土壤与地形特性、水文特征以及市政管网情况是海绵公园规划设计现状调研阶段需重点了解、分析的 4 个核心要素，也是合理确定海绵公园建设目标、明确规划设计方向、创新设计方案的基础。需要特别指出的是，除了公园内部，规划设计人员还要对公园周边区域进行调研分析，包括管网排水口和出水口的位置、道路布局等，全方位地了解项目场地及周边区域存在的水安全、水生态、水环境、水资源等方面的问题和主要特征，以便有针对性地提出解决方案。

1. 气象特征

首先，规划设计人员需要了解项目所在地的气象特征，其主要涉及降雨和蒸发方面的数据及关系，具体包括年均降雨量、年均蒸发量、逐月年均降水量、逐月年均蒸发量、设计暴雨雨型、年径流总量控制率与对应设计降雨强度值间的关系图。这些数据及关系是进行低影响开发设施规模核算、公园年降水量平衡计算的基础资料。

2. 土壤与地形特性

场地的土壤特性直接影响着不同类型低影响开发措施对项目场地的适用性。对于土壤渗透性良好的地块，规划设计人员在选择低影响开发措施时可偏向于渗透性措施；而对于地下水位较高、土壤渗透性较差的场地，规划设计人员应重点考虑滞留、储存以及回收再利用等类型的雨洪管理措施及其组合。此外，土壤的持水能力还决定着其上适宜生长的植物种类和可实现的绿化密度。土壤类型及其适宜的应用方式如表 4-1 所示。

地形决定场地子汇水分区的规模、坡度，从而影响雨水径流的汇集量、汇集速度，对场地的产汇流过程产生直接影响。

基于尽可能少地改变场地原有汇水分区规模和布局的原则，土壤类型和地形成为海绵公园规划设计前期设计人员认知场地的重要元素。

表4-1 土壤类型及其适宜的应用方式

土壤类型	应用方式
沙土	建议通过混合堆肥提高土壤保水能力，可种植耐干旱的植物
沙质壤土	建议进行堆肥处理
泥沙壤土	适用于下凹深度中等的下凹绿地
黏质壤土	适用于下凹深度较大的下凹绿地，考虑使用深根性植物来改良黏土，以建立更好的排水系统
黏土	不宜规划下凹绿地，但可考虑规划小型池塘

3. 水文特征

场地的水文特征包括项目场地及周边一定范围内的地表与地下水位、地下不透水层深度、地表与地下水交换位置等信息。地下水位较高的场地不利于渗透性雨洪管理设施功能的有效发挥。

除此之外，场地所在的更大范围汇水分区的水文特征对公园规划设计有突出影响。若拟利用公园对园外一定范围的汇水分区进行雨洪管理，则需要对园外汇水分区的使用功能进行考量，因为不同功能会直接影响汇水分区雨水径流的水质。例如，与居住区产生的雨水径流相比，城市工业区、道路汇水区产生的径流的受污染程度明显更高，存在重金属污染等突出问题。这对海绵公园雨洪管理系统的流程设计有重要影响，如能否鼓励园外汇入径流回补地下水，能否进行雨水收集再利用，是否需要在园内增设雨水净化设施和环节等。

4. 市政管网情况

区别于林地、农田、废弃地等，城市主要依靠市政管网进行雨洪管理，因此需要对场地内是否有市政管网、是否有市政管网出口进行准确核查。若场地内有市政管网，除了需要进一步明确公园内市政排水分区的划分方式，还需要了解场地与外围市政管网系统间的关系。这对海绵公园雨洪管理系统溢流环节的规划设计有显著影响。

4.2 海绵公园规划设计目标的确定

在海绵公园规划设计之初，应明确海绵公园规划设计的目标。这对公园内海绵系统构建模式的选择、低影响开发设施适用种类以及设施规模的确定均有直接影响。应根据项目上位规划（特别是海绵城市专项规划）以及当地的自然条件、经济发展水平、公园绿地类型和规模、场地特征，并根据国家和各地的海绵建设要求制定合理的海绵公园规划设计目标。其目标类型包括定性的问题导向下的海绵建设目标（简称问题导向目标）和定量的指标导向下的海绵建设目标（简称指标导向目标）。

1. 问题导向目标

问题导向下的海绵建设目标多依据海绵公园所在地的具体问题有针对性地提出，主要有以下 4 类目标。

（1）以水安全保障为目标的规划设计，旨在缓解城市中的内涝积水问题。

（2）以水环境提升为目标的规划设计，旨在缓解城市中的水质恶化问题。

（3）以水生态优化为目标的规划设计，旨在提升城市中的水生态品质，如水生动植物多样性的提升。

（4）以水资源利用为目标的规划设计，旨在充分利用非传统水源，提高水资源利用效率。

2. 指标导向目标

海绵公园作为海绵城市建设中的重要类型，根据雨洪管理服务范围的不同，其规划设计目标具有多个层级。

第一个层级，即任何一个海绵公园都需要满足年径流总量控制率的要求。年径流总量控制率目标的确定有两种途径。其一，根据其上位规划确定。有的城市的海绵城市专项规划已将城市总体年径流总量控制率分解到控规地块，海绵公园雨洪管理量化考核指标可参照控规地块的年径流总量控制率确定。其二，很多城市已编制了海绵城市建设技术导则，其中会对新建、扩建或改建的公园绿地的年径流总量控制率目标有明确规定。用地类型与对应年径流总量控制率标准如表 4-2 所示。

表4-2 用地类型与对应年径流总量控制率标准

序号	项目分类名称	用地代号	年径流总量控制率	
			新建、扩建	整体改建
1	居住用地	R1、R2、R3	≥ 75%	≥ 60%
2	公共管理与公共服务设施用地	A1、A5、A6	≥ 75%	≥ 55%
		A2、A3、A4	≥ 80%	≥ 60%
3	商业与服务业设施用地	B1、B2、B3、B4	≥ 75%	≥ 55%
4	工业用地	M1、M2	≥ 80%	≥ 70%
5	物流仓储用地	W1、W2	≥ 80%	≥ 70%
6	道路与交通设施用地	S1	—	—
		S3、S4、S9	—	—
7	公用设施用地	U21	—	—
8	绿地与广场用地	G1、G2	≥ 85%	≥ 85%
		G3	≥ 80%	≥ 70%

年径流总量控制率主要是针对中小降雨，以恢复场地自然水文过程为目标设定的指标。但是公园，特别是综合公园、郊野公园、湿地公园等，因大多具有大规模集中水面，具有较高的防洪排涝能力，因此，在第二个层级上，海绵公园应具有对应于排涝能力的内涝防治重现期指标，避免在较大降雨情况下公园出现内涝积水的情况和问题。该指标宜不小于《城镇内涝防治技术规范》（GB 51222—2017）规定的公园周边城市地块的内涝防治设计重现期。

在条件允许的情况下，海绵公园还应具有第三个层级的规划设计目标，如增加雨洪管控服务范围指标，即利用公园所具有的潜在调蓄能力对其周边城市地块进行雨水径流管控，辅助该地块达到上述城镇内涝防治标准。该指标的具体数值需结合场地的具体情况进行确定。

4.3 海绵公园竖向设计及汇水分区划分

4.3.1 竖向设计的逻辑

在海绵公园的规划设计实践中，竖向设计具有非常重要的作用。竖向设计不仅将场地中的地质、地貌、植被、构筑物、铺装、水景、山石等景观要素整合起来，更决定了公园的产汇流方向、速度和流量，进而与海绵公园雨洪管理功能的发挥紧密关联。因此，海绵公园的竖向设计不仅需要运用美学原则和设计原则，而且必须切实地考虑公园的水文环境和雨洪管理需求。由此可见，海绵公园竖向设计的构思既要遵循景观设计的逻辑，也要遵循雨洪管理的逻辑。

在景观设计的逻辑层面，海绵公园竖向设计要注意以下几点。

（1）强调利用场地竖向变化创造特别的视觉效果，实现视线控制，或引导视线聚焦于远方的景色或景物，或约束视线，强化游人的穿行体验，或屏蔽、阻隔场地内外令人感到不愉快的事物。

（2）强调利用场地竖向变化丰富空间感受，既可以强化场地的围合感、保护私密性，也可以为平坦的场地增添趣味。

（3）强调对自然风景的模拟和再现，追求形态上的自然化，或对自然地势的形态和特点进行模拟，或保护、突出自然地形特点和地理结构。

总体而言，在景观设计层面，竖向设计可通过地形尺度、范围和形态对公园总体设计意图进行呼应。

在雨洪管理的逻辑层面，因绝对平坦区域无法排水，易形成积水，故海绵公园的竖向设计应注意以下几点。

（1）尽可能利用现状排水渠道、滞流洼地区域以及其他适宜的水体。

（2）尽可能均匀地进行汇水分区的划分，避免园内各汇水分区面积差异过大。

（3）所有场地表面必须设置坡度，以利于实现地表有组织排水，但应避免过于陡峭的坡度，以防造成土壤侵蚀和滑坡等。

（4）在各排水分区内，尽可能在最低处规划设计可下凹的绿地或广场，尽可能规划设计利于雨水径流排向下凹绿地或广场的地表有组织排水路径，并在园内道路两侧设置下凹边沟。

（5）确保竖向设计后的地表有组织排水系统与现有或规划的封闭排水管道系统合理衔接。

4.3.2 竖向设计的内容与要求

1. 地形设计

地形设计是营造海绵公园整体景观风格的基底，也是海绵公园雨洪管理路径的基本骨架。在景观设计的逻辑层面，巧妙的地形设计能够凸显特定的空间感，增加场地层次；而在海绵设计的逻辑层面，地形设计决定了整个公园的排水分区以及地表径流的组织流向，并可直接影响源头化雨洪管理的难易程度。地形的详细设计要点列举如下。

（1）充分结合原始地形地貌。在景观设计层面，应尽可能减小场地开发对空间和人视觉产生的影响，保护、突出自然地形特点和地理结构；在海绵设计层面，应尽可能发挥场地中谷地具有的径流蓄滞能力，充分评估场地中坡地上可能产生的径流冲蚀问题，对大面积的平地进行排水分区划分，将大的、集中的排水分区划分为小的、分散的排水分区。

（2）严格保证工程的稳定性。为保证工程的稳定性，必须合理设计边坡，使其坡度小于或等于自然安息角；超过自然安息角时，则应采取护坡、固土或防冲刷的工程措施。特别是用于汇集、蓄滞雨水的下凹绿地、雨水花园等，极易受到雨水冲刷，其边坡坡度须小于自然安息角。对于植物过滤带、植草沟等以径流传输为主要功能的线性低影响开发设施，应严格控制其纵坡坡度（不宜大于 4%），以避免冲刷侵蚀；纵坡坡度较大时，宜将其设置为阶梯形，即在中途设置消能台坎。

（3）尽量满足使用功能。地形直接影响场地的使用功能。在一般情况下，大面积的平坦场地适宜作为人们集中活动的区域，而公园中大面积的植被种植区域多与高低变化的地形相配合，以丰富景观效果。在海绵公园中，平坦场地应尽可能与地形起伏变化多的绿地相邻，交错布置，以利于雨水径流就近流入下凹绿地滞留、储存、下渗，实现源头处理。而绿地中的植物种植设计要考虑雨水汇集的方向，在下凹区域尽量避免种植大乔木和灌木，而选用耐水湿植物。

（4）有效组织与分隔空间。海绵公园常将展示雨水的产流、汇流和净化过程作为科普教育的主题。利用地形组织公园游览路线和观赏视线时可对景观化的海绵景观予以重点展示。如在谷地中规划设计植物过滤带或雨水花园，引导游人视线聚焦于自然、生态的海绵景观风貌。反之，在某些情况下，也可利用地形对进行雨水净化的上游环节予以视线屏蔽，如对雨水沉淀池等水体浊度较高的净化环节予以屏蔽，或将尚未得到足够净化的水体引入起伏地形塑造的小穴中，丰富景观效果。

（5）合理控制经济技术指标。海绵公园中的地形设计应与雨洪管理系统的设计相互呼应，以减少对场地生态的干扰，提高经济技术的合理性，如结合洼地规划设计雨水滞留池，以减少土方工程量，降低运输成本等。

2. 园路竖向设计

园路竖向设计在满足交通功能的同时，还要全面落实低影响开发理念和技术方法，减少道路雨水径流及污染物的排放。园路竖向设计要切断道路雨水径流与市政管网的直接连接，就近将道路雨水径流引导至道路两侧的植草沟、砾石沟或道路某侧的集中绿地内。要重点处理好道路路面、路两侧砾石沟（植草沟）、路旁绿地以及道路雨水井的竖向标高关系，以保障雨水能够顺利地被引导至低影响开发设施内。海绵公园园路的竖向详细设计要点列举如下。

（1）平面设计与竖向设计同步进行。园路的中心线是一条由平面线形与竖向线形共同组成的三维曲线。设计人员既要处理好园路中心线交叉点、变坡点、转折点的平面位置关系，又要确保道路两侧砾石沟表面高程低于道路路面最低高程，道路雨水井高程略高于砾石沟表面高程。若欲将道路雨水径流引至路旁绿地内，要确保路旁绿地高程低于道路路面最低高程。

（2）满足园路竖向设计规范和不同的功能使用需求。对于一般公园，主园路纵坡坡度宜小于 8%，横坡坡度宜小于 3%，粒料路面横坡坡度宜小于 4%。对于山地公园，主园路纵坡坡度应小于 12%，超过 12% 时应做防滑处理。主园路不宜设置梯道，必须设置梯道时，纵坡坡度宜小于 36%。

支路和小路纵坡坡度宜小于 18%。纵坡坡度超过 15% 的路段，路面应做防滑处理；纵坡坡度超过 18% 的路段，路面宜按台阶、梯道设计，台阶踏步数不得少于 2 级；坡度大于 58% 的梯道应做防滑处理，宜设置护栏设施。

3. 铺装场地竖向设计

铺装场地竖向设计在满足活动需求的同时，还要全面落实低影响开发理念和技术方法，减少铺装场地上的雨水径流及污染物的排放。铺装场地竖向设计要切断铺装场地与市政管网的直接连接，就近将铺装场地上的雨水径流通过植草沟、砾石沟等有组织地排至场地中或周围的下凹绿地、雨水花园、渗透池等低影响开发设施中。下凹绿地、雨水花园等设施需设计溢流口或通道，以保障大雨时过量的雨水径流能够通过市政管网排出。设计人员要重点协调好铺装场地、场地内绿化、场地旁绿地以及绿地溢流口的竖向标高关系，以保障雨水能够顺利地被引导至低影响开发设施内。海绵公园铺装场地的竖向详细设计要点列举如下

（1）满足场地的排水要求。任何铺装场地都要有不低于 0.3% 的排水坡度，坡度为 0.5% ～ 5% 时较好，最大坡度不得超过 8%。在坡面下游可设置下凹绿地、雨水花园等。

（2）满足使用功能。铺装场地的功能定位通常是为使用者提供活动或休闲空间。因此，供人流集散的铺装广场坡度宜平缓，不宜有太多高差变化；而供休息、观演的空间则应利用地形形成高差变化。铺装场地中具有雨水管理功能的大型下凹绿地，也可充分发挥下凹内聚的空间特点，在非雨季作为观演场地。

（3）结合场地现状地形。在满足场地排水要求及使用功能的情况下，应充分利用场地原始地形，即尽量使设计等高线与原始等高线平行，避免大量填挖，以减少土方工程量，节约工程成本。

4. 建筑竖向设计

海绵公园建筑竖向设计详细要点列举如下。

（1）建筑选址。一般选择地形等高线较疏、地形变化小的区域，以减少土方开挖。另外，建筑最好选址于与等高线平行的方向，并综合考虑建筑朝向、景观等因素。

（2）建筑排水。要切断建筑雨落管与市政管网的直接连接，可在建筑雨落管下缘设置低影响开发设施。如果雨落管下缘绿地范围较大，可在距离建筑物基础大于 3 m（水平距离）的区域规划设计下凹绿地、雨水花园、渗井等设施；若雨落管下缘绿地范围很小，可规划设计高位植坛，阻隔雨落管与市政管网的连接，避免雨水径流未经源头处理而直接流入市政管网排走。此外，建筑入口处应设置台阶，台阶踏步不少于 2 级，每级踏步高度宜大于 0.1 m，而小于 0.15 m。

4.3.3 汇水分区划分

汇水分区是雨洪管理的基本单元，是地表径流汇聚而形成的区域，同时也是产汇流过程模拟计算的基本单元。由此可见，汇水分区的划分是海绵规划设计的重要环节。在自然流域中，汇水分区的划分往往以地形为依据，然而在城市内部，由于地形起伏小（山城除外），故难以将其作为划分汇水分区的唯一依据，这时就需要更多地考虑建筑物、交通基础设施、人为环境的差别等。

在海绵公园中，地形起伏和园路路径是划分汇水分区的主要依据。对于已建公园的海绵化改造项目而言，若公园整体地形起伏较大，如有明显的山体、高地、谷地、水面等，首先应根据地形 DEM（数字高程模型）数据，借助 ArcGIS 进行自然汇水分区的划分；然后，在自然汇水分区内根据区内干路的中心线进行子汇水分区的划分，因为在通常情况下，公园内的产汇流过程多为铺装场地、建筑的雨水径流先排至干路，再排至市政管网中。园内干路横剖面主要有抛物线形和直线形两种，均为中间高，两侧低，这就决定了公园干路中心线对场地子汇水分区划分具有重要影响。园路中心线两侧场地多划分为两个不同的子汇水分区。若公园整体地形起伏很小，可直接依据干路中心线进行汇水分区的划分。对于新建海绵公园项目而言，为尽可能减小公园建设对场地地形和水文过程产生的影响，可将地形作为划分园内汇水分区的唯一依据。

4.4 公园海绵系统设施选择与布局

公园作为城市中生态系统和休闲游憩景观的重要组成部分，本身具有较大的绿化面积和丰富的动植物种类，具备较好的吸纳雨水径流的基本条件。但不可否认，公园的规划设计常造成园内雨水自然循环过程的“短路”问题，集中表现为降落在园内建筑、道路、铺装场地的雨洪径流被迅速排至雨水管道。因此，海绵公园的规划设计应全面避免这种“短路”问题的出现，在园内构建起效仿自然的“雨水链”。“链”意味着“连接”，链条通过雨水环环相扣，每个链条都有起点、有终点，也可首尾相接形成循环。链条的概念可为海绵公园雨洪管理系统的构建提供一个理想的范式。公园中的雨水链条包括：以公园中的建筑物为起点，以下凹绿地为终点的链条；以公园中的高地为起点，以园内溪流为终点的链条；以公园中的道路为起点，以园内雨水花园为终点的链条；等等。这些链条就像河流的支流一样，彼此衔接，最终构成海绵公园网状的雨洪管理系统。

4.4.1 海绵公园园路雨水链的构建

1. 雨水链 1：透水铺装→纵向浅水沟 / 砾石沟 / 植草沟

海绵公园园路雨水链最为常见的做法为浅水沟、砾石沟或植草沟沿园路两侧纵向排布，如图 4-1 和图 4-2 所示。市政雨水井埋于浅水沟、砾石沟或植草沟内，其表面标高高于浅水沟、砾石沟或植草沟沟底 50 ～ 100 mm。降雨时，雨水径流从道路中心线向位于道路两侧的浅水沟、砾石沟或植草沟汇集。当沟内水深高于市政雨水井井口埋深时，发生溢流。需要注意的是，如公园园路地形起伏较大，即沿路的浅水沟、砾石沟或植草沟的纵向坡度大于 4%，宜将其设置为阶梯形浅水沟、砾石沟或植草沟，或在中途设置消能台坎。

在一些情况下，结合园路景观设计，也可将浅水沟、砾石沟、植草沟布设在道路中间，以曲线、折线的形式呈现，使其与公园景观环境设计风格、需求和特点相契合，同时用雨水增加公园的游赏趣味性，如图 4-3 所示。

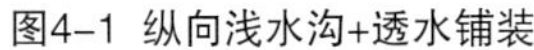

图4-1 纵向浅水沟+透水铺装

图4-2 纵向砾石沟+透水铺装

2. 雨水链条 2：透水铺装→横向浅水沟→下凹绿地 / 雨水花园 / 集中水体

在园路沿程分段规划设计横向浅水沟。浅水沟一端或两端通入道路一侧或两侧下凹绿地或雨水花园中（图 4-4）。浅水沟采用预制混凝土结构单元或锈钢板，能够铺出与周边铺装环境更加融合的浅水沟形式。降雨时，雨水径流被分段导流至横向浅水沟中，并最终汇入一侧或两侧下凹绿地中，如图 4-5 和图 4-6 所示。市政雨水井多埋于下凹绿地中。这种利用横向浅水沟进行道路雨水径流截留的方式特别适用于园路坡度较大的情况。

图4-3 预制混凝土结构单元浅水沟+下凹绿地

图4-4 横向浅水沟+下凹绿地

图4-5 预制混凝土结构单元横向浅水沟+下凹绿地

图4-6 锈钢板横向浅水沟+下凹绿地

4.4.2 海绵公园铺装场地雨水链的构建

1. 雨水链 1：透水铺装→浅水沟 / 植草沟→渗透式种植池

海绵公园的硬化铺装场地建议尽量采用透水铺装。针对铺装场地硬化面积集中，且多分布有种植池的布局特点，建议采用浅水沟的方式将面积集中的硬化铺装分割为若干汇水单元，由浅水沟或植草沟将各汇水单元的雨水径流导流至渗透式种植池，实现铺装场地地表的有组织排水，同时提高雨水资源化利用率。将雨水径流直接导入种植池，还可显著减小人工绿化灌溉的频率和用水量。

2. 雨水链 2：透水铺装→浅水沟 / 植草沟→集中水面 / 下凹绿地 / 雨水花园

海绵公园的硬化铺装场地建议尽量采用透水铺装，并利用浅水沟或植草沟将硬化铺装场地产生的雨水径流有组织地引导至场地周边或场地内的下凹绿地或水体中，如图 4-7 所示。

图4-7 公园铺装场地中的调蓄空间（组图）

4.4.3 海绵公园绿地雨水链的构建

根据《城市绿化条例》《城市绿化规划建设指标的规定》，综合公园绿地率应大于75%，社区公园绿地率应大于 60%。可见，绿地作为公园中面积占比最大的下垫面类型，其源头化雨洪管理模式是影响公园内部雨洪管控能力的关键。特别是，在遭遇连续降雨或强降雨的情况下，当绿地达到饱和持水量时，绿地径流系数会从 0.15 提高到 0.9，产流量随之大幅增加。结合绿地的地形特点，本书提出如下两种雨水链构建模式。

1. 雨水链 1：绿地→绿地内浅水沟 / 植草沟 / 砾石沟→集中水面 / 下凹绿地 / 雨水花园

该方式特别适用于地形高低起伏明显、面积较大的绿地。结合绿地地形，在地形低谷处规划设计植草沟、砾石沟或浅水沟，通过地表汇流和绿地的侧向渗流收集绿地达到饱和持水量后产生的雨水径流，并将其传输至绿地最低点处的下凹绿地、雨水花园或集中水体，如图 4-8 和图 4-9 所示。

图4-8 绿地中的砾石沟

图4-9 绿地中的下凹绿地

2. 雨水链 2：绿地→绿地边缘浅水沟 / 植草沟 / 砾石沟

对于一些坡向道路或较为平坦的绿地而言，可在绿地与道路相邻处规划设计浅水沟、植草沟或砾石沟。它们既可收集绿地地表产流和侧向渗流，同时也可收集道路雨水径流，如图 4-10 所示。

图4-10 绿地与道路间的砾石沟

4.4.4 海绵公园建筑雨水链的构建

1. 雨水链 1：雨落管 / 杯形雨水吊链→浅水沟 / 砾石沟 / 植草沟→集中水面 / 下凹绿地 / 雨水花园

为解决建筑雨落管末端与市政管网直接连接所造成的“雨水短路”问题，同时避免雨水渗透、滞留可能对建筑基础产生的不良影响，公园建筑雨水链以“雨落管 / 杯形雨水吊链→浅水沟 / 砾石沟 / 植草沟→集中水面 / 下凹绿地 / 雨水花园”的形式最为常见。

若建筑位于铺装场地之上，可利用浅水沟、砾石沟、植草沟将建筑雨落管排出的雨水径流疏导至场地中距离建筑基础大于 3 m 的集中水体、下凹绿地或雨水花园中。若建筑位于绿地之上，由于公园内建筑多为一层，可由杯形雨水吊链替代雨落管，使屋面雨水径流围绕雨水吊链直接排至绿地中，这种雨洪管理方式已有百年历史，常见于日本园林中，它将原本平淡无奇的雨落管变成能够吸引人们注意的水景观，水流围绕吊链产生飞溅的水滴，为景观增添了趣味性，如图 4-11 所示。在一些现代园林中，也可采用高位导流管将屋面雨水径流从高处直接传输至具有一定规模的下凹绿地、雨水花园、池塘、湿地中。该雨水链在竖向上向游客强化了雨水径流的传输路径，在实现建筑屋面径流与市政管网“断接”的同时，强化了海绵雨水景观的声音和视觉效果，如图 4-12 和图 4-13 所示。

图4-11 杯形雨水吊链

图4-12 高位导流管与集中水体

图4-13 高位导流管与下凹绿地

2. 雨水链 2：绿色屋顶→雨落管（断接）

绿色屋顶常见于住宅楼、办公楼等大型建筑，在小尺度建筑中也有应用，但常被忽略，如公园中的游廊、凉亭等。其实，在公园的小尺度建筑中应用绿色屋顶可以传递出更为强烈的“绿色生态”信号，如图 4-14 所示。公园建筑中常见的绿色屋顶有以下 3 种。

（1）景天科植物绿色屋顶。景天科植物是应用最为广泛的绿色屋顶植物，它们抗性较强并且耐干旱。常见植物有玉米石和反曲景天。所有景天科植物都是常绿的，并且多数低矮品种可在较短的时间内开花。景天科植物绿色屋顶最常见的营建方式是播种（或者小范围内像铺地毯一样铺设预植了景天科植物的草垫）。

（2）生物多样性生境绿色屋顶。在欧洲的公园中，生物多样性生境绿色屋顶是最为常见的绿色屋顶形式，可使用被拆除建筑的碎石、碎砖、混凝土块、细沙和砾石等建造。这些材料易于获得，可就地取材，经济实惠。屋顶上植物的选择范围也非常广泛，无论是自

图4-14 公园中有绿色屋顶的凉亭

由生长的植物，还是适合当地混播草地的草花都可以应用。

（3）装饰性绿色屋顶。当屋顶覆土厚度较大时，只要屋顶能够保证较好的排水，就可种植更多的植物，使之具有更强的装饰性，比如种植品竹属植物、攀缘的十字花科植物等。

对于有绿色屋顶的建筑，建议在屋面径流管控设施的下游采用雨落管断接的方式切断屋面溢流径流与市政管网的直接连接。

4.4.5 海绵公园对外雨洪管理路径

对于部分拟对园外汇水分区具有雨洪管理功能的海绵公园而言，其雨洪管理路径应该具备将外围汇水分区雨水径流传输至园内的通路、对进园雨水进行初步净化的净水设施以及调蓄园外雨水径流的足够大的调蓄空间。进园通路一般以地下管网为主。入园后的净水设施根据进出水水质目标，可采用人工表流湿地、潜流湿地等绿色基础设施。若海绵设施的建设受园内可利用空间的限制，也可采用地下沉淀、砂滤措施。此类对园外汇水分区进行雨洪管理的公园中，足够大的调蓄空间一般以集中开阔水面或园内铺装场地中的集中下凹空间为主要形式，其在强降雨条件下可调蓄园外汇水分区多余的雨水径流；而在非降雨时期，下凹广场等还可作为公园的游憩与娱乐场所，满足人们的使用需求。

4.5 海绵公园低影响开发设施规模计算

公园海绵系统一般由多项低影响开发设施组成。系统中各设施规模的计算需要以明确低影响开发设施服务场地的水文特征、多少雨水会流向低影响开发设施（汇入雨水径流的总量）和如何确保低影响开发设施不会滋生蚊蝇（雨水排出所需要的总时间）为前提。只有明确了这 3 个方面的内容，才能结合低影响开发设施的结构特点进行单项设施的规模核算，并进一步完成整个公园海绵系统雨洪管理能力的模拟评估。

4.5.1 单项低影响开发设施服务场地的水文特征

1. 场地基本水文特征

海绵公园中，单一海绵设施往往只为公园中的一部分区域服务。在进行海绵设施规模计算前，需要首先明确某一海绵设施拟服务场地的范围及其基本水文特征。场地范围划定方法详见 4.3 节。水文特征包括场地中下垫面类型及其面积、坡度、透水性或径流系数、糙率、竖向特征等，详见表 4-3。这些水文特征值也是各种水文模拟软件（如 SWMM 等）进行水文产汇流过程模拟需要输入的计算参数。

表4–3 场地水文特征值汇总表

场地特性	下垫面类型1	下垫面类型2	…	下垫面类型 n
面积				
坡度				
透水性或径流系数				
糙率				
竖向特征				

2. 场地产流量计算

场地产流量由场地的下垫面组成数量、各下垫面面积及其雨量径流系数共同决定。根据《海绵城市建设技术指南——低影响开发雨水系统构建（试行）》，一般以容积法计算场地的产流量，计算公式如式（4-1）所示。因低影响开发设施大多以径流总量控制为目标，所以明确设施拟服务场地产生的径流总量是低影响开发设施规模确定的基础。

$$V_{\text{runoff}} = 10H\varphi F \tag{4-1}$$

式中 V_{runoff}——设计调蓄总容积，m³；

H——设计降雨量，mm；

φ——综合雨量径流系数；

F——地块面积，hm²。

其中，H 可取海绵公园所在地区海绵城市控制性详细规划要求的年径流总量控制率对应的设计降雨量。

综合雨量径流系数能够反映出场地中有多少种下垫面类型和下垫面的透水性能，计算公式如下。

$$\varphi = \frac{\varphi_1 f_1 + \varphi_2 f_2 + \cdots + \varphi_n f_n}{\sum_{i=1}^{n} f_i} \tag{4-2}$$

式中 f_i——某一种下垫面类型的面积；

φ_i——某一种下垫面类型对应的雨量径流系数。

城市中典型下垫面的雨量径流系数可参考表 4-4。

表4–4 城市中典型下垫面的雨量径流系数

汇水面种类	雨量径流系数 φ	流量径流系数 Ψ
绿化屋面（绿色屋顶，基质层厚度≥ 300 mm）	0.30~0.40	0.40
硬屋面、未铺石子的平屋面、沥青屋面	0.80~0.90	0.85~0.95
铺石子的平屋面	0.60~0.70	0.80
混凝土或沥青路面及广场	0.80~0.90	0.85~0.95
大块石等铺砌路面及广场	0.50~0.60	0.55~0.65
沥青表面处理的碎石路面及广场	0.45~0.55	0.55~0.65
级配碎石路面及广场	0.40	0.40~0.50
干砌砖石或碎石路面及广场	0.40	0.35~0.40

续表

汇水面种类	雨量径流系数 φ	流量径流系数 Ψ
非铺砌的土路面	0.30	0.25~0.35
绿地	0.15	0.10~0.20
水面	1.00	1.00
地下建筑覆土绿地（覆土厚度≥ 500 mm）	0.15	0.25
地下建筑覆土绿地（覆土厚度＜ 500 mm）	0.30~0.40	0.40
透水铺装地面	0.08~0.45	0.08~0.45
下沉广场（50年及以上一遇）	—	0.85~1.00

注：以上数据参照《海绵城市建设技术指南——低影响开发雨水系统构建（试行）》。

4.5.2 单项低影响开发设施规模计算

在海绵公园中，低影响开发设施按照雨洪管理功能可分为调蓄（包括储存和滞留）、渗透、传输（包括内部水量传输和排水）和净化四大类。其中，最为常见的调蓄类设施包括下凹绿地、雨水花园和湿塘；最为常见的渗透类设施包括渗井、渗透塘；最为典型的传输类设施为植草沟；最为常见的净化类设施为表流湿地和潜流湿地。

1. 调蓄类设施规模计算

影响调蓄类设施雨洪管理能力的要素主要包括地表下凹的面积和深度、砾石滤床的孔隙率和容积（若有）。因此，调蓄类设施规模的计算公式可表示为

$$V_{\text{under}}\alpha + V_{\text{surface}} = V_{\text{storage}} \tag{4-3}$$

式中 V_{under}——调蓄设施地下砾石滤床所占体积，m^3；

α——地下砾石滤床孔隙率；

V_{surface}——调蓄设施地表下凹空间容积，m^3；

V_{storage}——调蓄容积，m^3。

对于《海绵城市建设技术指南——低影响开发雨水系统构建（试行）》中介绍的狭义的下凹绿地、雨水花园、简单型生物滞留池而言，V_{under} 等于 0。而对于复杂型生物滞留设施而言，V_{under} 不等于零。若砾石滤床为立方体，则 V_{under} 等于 S_{under}（地下砾石滤床占地表面积）和h_{under}（地下砾石滤床的高度）的乘积，其中h_{under}一般为 250~1 200 mm，S_{under}一般与S_{surface}（调蓄设施地表占地面积）相等。对于湿塘等常年有水的集中水面而言，V_{surface} 为湿塘的调蓄容积，即设计水位对应的水体体积减去常水位对应的水体体积。

由于一般情况下 S_{under} 与 S_{surface} 相等，将上述公式进行等效变化，得式（4-4）。

$$S_{\text{surface}}=\frac{V_{\text{storage}}}{h_{\text{under}}\alpha+h_{\text{surface}}} \tag{4-4}$$

式中 h_{under}——地下砾石滤床的高度，m；

h_{surface}——调蓄设施地表下凹深度，m；

α——地下砾石滤床孔隙率；

S_{surface}——调蓄设施地表占地面积，m^2；

V_{storage}——调蓄容积，m^3。

其中，《海绵城市建设技术指南——低影响开发雨水系统构建（试行）》建议 h_{surface} 取值 10~20 cm；而地下砾石滤床高度则由场地土壤特性和地下水埋深决定。对于建在地下车库顶板上的砾石滤床而言，h_{under} 则由覆土厚度决定。α 由作为滤床填料的砾石直径大小决定，砾石粒径越大，α 越大。

由式（4-4）可知，由于 h_{surface}、α、h_{under} 在不同场地条件下取值相近，因此 S_{surface} 成为与调蓄设施径流总量控制能力最相关的设施规模参数，即在绝大多数情况下，S_{surface} 越大，其可实现的径流总量控制能力越强，可服务的汇水分区面积越大。在海绵公园中，当调蓄设施所能占据的 S_{surface} 对应的调蓄体积 V_{storage} 大于其所在汇水区的产流量 V_{runoff}（$V_{\text{storage}}>V_{\text{runoff}}$）时，说明该设施所在的汇水分区能够达到既定的径流总量控制目标；但当 $V_{\text{storage}}<V_{\text{runoff}}$ 时，则需要园内相邻汇水分区承担该分区无法储存的那部分雨水径流。

2. 渗透类设施规模计算

一些典型的渗透类设施（如渗透塘、渗井等）不仅可促进雨水下渗，发挥其对雨水径流总量管控的作用，而且具有一定的径流储蓄容积。其促进雨水渗透的能力与渗透设施的有效渗透面积、渗透时间、土壤渗透性直接相关。而其储蓄容积则由渗透设施渗透量与可进水量共同决定，计算公式如下。

（1）渗透设施渗透量计算公式：

$$W_s=\alpha KJA_s t_s \tag{4-5}$$

式中 W_s——渗透设施渗透量，m^3；

α——综合安全系数，一般可取 0.5~0.8；

K——土壤渗透系数，m/s；

J——水力坡度，一般取 1.0；

A_s——有效渗透面积，m^2（注：水平渗透面积按投影面积计算，地下渗透设施的顶面积不计）；

t_s——渗透时间，s（对于渗井、渗透塘，一般 $t_s \leqslant 72$ h）。

（2）渗透设施可进水量计算公式：

$$W_{\mathrm{j}}=\left[60\times\frac{q_c}{1\,000}\times(F_{\mathrm{y}}\varphi_{\mathrm{m}}+F_0)\right]\times t_{\mathrm{c}} \tag{4-6}$$

式中　W_{j}——渗透设施进水量，m³；

F_{y}——渗透设施受纳的集水面积，hm²；

F_0——渗透设施受水面积，hm²（对于填埋渗透设施，F_0=0）；

t_{c}——渗透设施产流历时，min（产流历时经计算确定，不宜大于 120 min）；

q_{c}——渗透设施产流历时对应的暴雨强度，L/（s・hm²），按 1~2 年重现期计算；

φ_{m}——渗透设施受纳集水面积的径流系数。

（3）渗透设施储蓄容积计算公式如下：

$$W_{\mathrm{p}}=W_{\mathrm{j}}-W_{\mathrm{S}} \tag{4-7}$$

式中　W_{p}——渗透设施在产流历时内的储蓄容积，m³（其中产流历时宜小于 120 min）。

（4）渗透设施占地面积计算公式如下：

$$F_0=\frac{W_{\mathrm{p}}}{hn_{\mathrm{k}}}=\frac{W_{\mathrm{j}}-W_{\mathrm{s}}}{hn_{\mathrm{k}}} \tag{4-8}$$

式中　W_{j}——渗透设施进水量，m³；

W_{s}——渗透设施渗透量，m³；

n_{k}——渗透设施填料层的孔隙率，一般不小于 30%；

h——渗透设施储蓄层深度，m（一般为 10~20 m）；

F_0——渗透设施受水面积，m²。

由上述公式可知，相较于其他类型低影响开发设施，t_{s}和t_{c}是影响渗透类设施规模大小的关键因子。t_{s}越大，说明在相同径流总量管控目标下，渗透设施所需占地面积越小。而t_{s}是由当地气候影响下蚊虫生长时间和土壤渗透性共同决定的。t_{c}越大，则需要渗透设施具备更多的径流储存空间和更大的有效渗透面积。

3. 传输类设施规模计算

植草沟作为传输类雨洪管理设施的典型代表，与调蓄类设施不同，其径流传输速度是表征其雨洪管理能力的水文指标。该指标可利用适用于明渠均匀流的谢齐公式和曼宁公式联立计算。计算公式如下：

$$v=\frac{1}{n}R^{\frac{1}{6}}\sqrt{Ri} \tag{4-9}$$

式中　v——植草沟内水流流速，m/s；

n——植草沟边坡、底面糙率；

i——植草沟纵向坡降；

R——植草沟水力半径（等于过水断面面积与湿周之比）。

将植草沟概化为梯形断面，其水力半径计算公式为

$$R=\frac{A}{\gamma}=\frac{(b+mh)h}{b+2h\sqrt{1+m^2}} \tag{4-10}$$

式中 A——植草沟概化的梯形断面面积，m²；

γ——湿周；

b——植草沟概化的梯形断面的底边宽度，m；

h——植草沟深度，m（《海绵城市建设技术指南——低影响开发雨水系统构建（试行）》建议 h 取 0.1~0.2 m）；

m——植草沟边坡系数，应大于场地土壤抗滑稳定系数。

根据加拿大安大略省颁布的《低影响开发雨洪管理规划设计手册》（*Low Impact Development Stormwater Management Planning and Design Guide*），为避免过大流速对植草沟内土壤可能造成的过度侵蚀，植草沟内最大流速 v_{max} 建议小于 0.8 m/s，纵向坡降 i 不应大于 4%。植草沟概化模型见图 4-15。

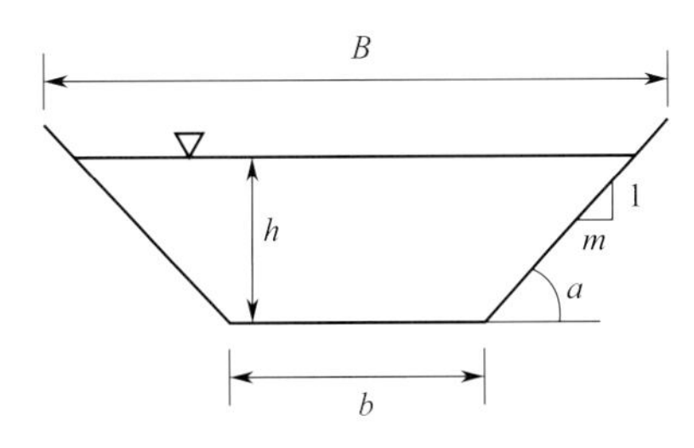

图4-15 植草沟概化模型

将上述公式进行等效变化，得式（4-11）：

$$R=\frac{(vn)^{\frac{3}{2}}}{i^{\frac{4}{3}}}=\frac{(b+mh)h}{b+2h\sqrt{1+m^2}} \tag{4-11}$$

由式（4-11）可知，由于 h 和 v 值在不同场地条件下取值相近，糙率 n、纵向坡降 i、植草沟边坡系数 m 及其下边宽度成为影响其雨洪管理能力的关键参数。规划设计人员可通过调整沟内植物种植密度、植物高度改变糙率。在流量一定的前提下，种植密度越大，植物高度越大，糙率 n 越大，植草沟内水体传输速度越小。植草沟纵向坡降 i 及上边宽度 B 一般受场地现状或规划的竖向和可利用空间约束。在 i 和 n 不变的情况下，m 越大，B 越大，植草沟的传输能力越弱，在相同降雨情况下沟内流速越小。规划设计人员可根据场地竖向条件、最大流速 v_{max} 及场地土壤抗滑稳定要求，合理规划设计植草沟断面形状参数。

4. 净化类设施规模计算

水平潜流型人工湿地面积计算公式为

$$A = \frac{2Q_{\mathrm{d}}L}{K_{\mathrm{y}}\Delta H} \tag{4-9}$$

式中 ΔH——进水水位与出水水位之差，m；

L——水平潜流型人工湿地沿流向的有效长度，m；

K_{y}——人工湿地运行时的滤料渗透系数，m/d；

Q_{d}——日平均进水流量，$\mathrm{m^3/d}$。

4.6 公园海绵系统方案优化

受场地条件和功能需求的限制，如用地规模、场地地下水位、建筑或道路结构基础的位置以及植物生长条件等，低影响开发设施的数量、规模以及彼此之间的衔接模式不能满足海绵公园预期的整体雨洪管理目标。因此，需进一步对由 LID 设施构成的公园海绵系统方案进行优化。

4.6.1 优化路径1：径流总量控制目标下的方案优化路径

径流总量控制目标下的方案优化路径见图 4-16。

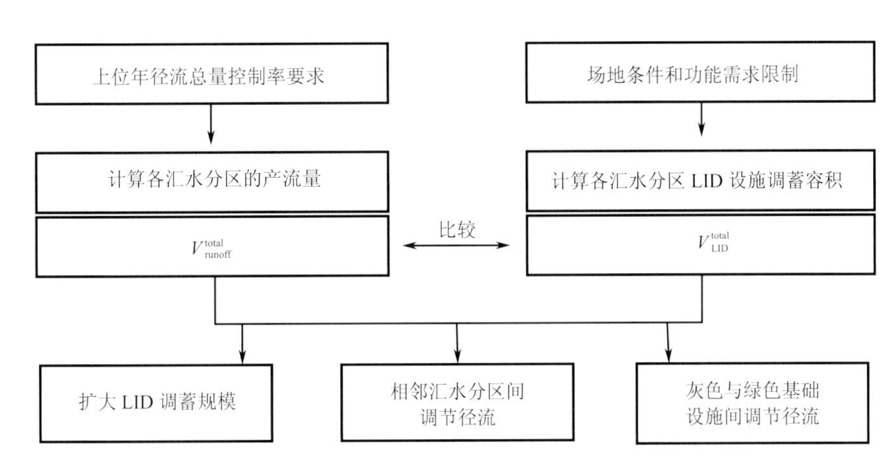

图4-16 径流总量控制目标下的方案优化路径

（1）对公园内每个汇水分区进行编号。

（2）分别计算每个汇水分区在相应年径流总量控制目标下的产流量和各区内规划设计的低影响开发设施所具备的调蓄容积。

（3）对各汇水分区的产流量进行求和（$V_{\mathrm{runoff}}^{\mathrm{total}}$），对各分区内规划设计的低影响开发设施调蓄容积进行求和（$V_{\mathrm{LID}}^{\mathrm{total}}$），统计表格见表4-5。

（4）若 $V_{\mathrm{runoff}}^{\mathrm{total}} < V_{\mathrm{LID}}^{\mathrm{total}}$，则说明规划设计的由LID设施构成的海绵系统可实现海绵公园的建设目标。系统方案的优化应专注于子汇水分区间的径流组织。

表4-5 统计表格

汇水分区	产流量	LID设施调蓄容积	是否达标
1	V_{runoff}^{1}	V_{LID}^{1}	达标/不达标
2	V_{runoff}^{2}	V_{LID}^{2}	达标/不达标
3	V_{runoff}^{3}	V_{LID}^{3}	达标/不达标
⋮	⋮	⋮	⋮
$n-1$	$V_{\mathrm{runoff}}^{n-1}$	V_{LID}^{n-1}	达标/不达标
n	V_{runoff}^{n}	V_{LID}^{n}	达标/不达标
合计	$V_{\mathrm{runoff}}^{\mathrm{total}}$	$V_{\mathrm{LID}}^{\mathrm{total}}$	达标/不达标

具体而言，首先应关注园内是否存在某一子汇水分区 n 的 $V_{\mathrm{runoff}}^{n} > V_{\mathrm{LID}}^{n}$。若存在，则考虑是否可通过调整LID设施的规模参数增大LID设施的调蓄容积，最终使 $V_{\mathrm{runoff}}^{n} \leq V_{\mathrm{LID}}^{n}$；若受场地条件和功能需求的限制，无法增大子汇水分区 n 内LID设施的调蓄容积，则尽可能将该区内多余径流经地面有组织排水传输至相邻有调蓄余量的汇水分区内。

（5）若 $V_{\mathrm{runoff}}^{\mathrm{total}} > V_{\mathrm{LID}}^{\mathrm{total}}$，则说明规划设计的由LID设施构成的海绵系统尚无法实现海绵公园的建设目标。若受场地条件和功能需求的限制，无法增大 $V_{\mathrm{LID}}^{\mathrm{total}}$，则该海绵系统方案的优化应专注于灰色和绿色基础设施的耦合应用。如在园内引入地下储水设施，用于超量雨水径流的储存或再利用。

4.6.2 优化路径2：雨洪管理全过程优化目标下的方案调整路径

海绵公园的雨洪管理目标往往不限于对径流总量的控制，有的时候还会关注海绵系统对径流峰值、径流峰值出现时间的调节作用。这就需要规划设计人员准确了解园内雨水径流的产汇流过程。在这种情况下，单纯聚焦径流总量控制的海绵系统优化路径1则不再适用。通常会选用SWMM软件对不同降雨条件下园内的产汇流过程予以模拟计算，以全面掌握园内海绵系统的雨洪管理作用。具体步骤如下。

1. 将公园规划设计方案导入 SWMM 软件，绘制排水地图，建立公园 SWMM 模型

将公园规划设计方案导入 SWMM 软件，绘制公园子汇水分区，并将子汇水分区的面积、坡度、高程值输入，接着绘制排水节点、排放口，以及连接节点的植草沟、砾石沟等；在排水地图中，绘制低影响开发设施，并将 SWMM 软件所需的各设施表面层、路面层、土壤层、蓄水层及暗渠系统的相关设计参数输入，从而建立公园海绵系统初始 SWMM 模型。典型低影响开发设施（生物滞留池、下凹绿地、透水铺装、雨水花园）在 SWMM 软件中所需的参数详见表 4-6 和图 4-17。

2. 添加雨量计

查阅公园所在地的设计雨型及暴雨强度公式。一般可选取中小降雨事件，如上位规划年径流总量控制率对应设计降雨强度。根据海绵公园的设计目标，也可增强模拟强降雨事件下海绵系统的雨洪管理能力。

3. 误差核算

可计算输出地表径流误差和流量演算误差。根据 SWMM 用户手册数据，这两项指标的误差在 ±10% 范围内均属正常。

4. 输出计算结果

输入不同降雨强度值，获得相应降雨强度下描述公园产汇流过程的相关特征值，包括下渗损失量、地表径流量、储水量、峰值、峰值开始时间、持续时间等。

5. 分析结算结果，优化公园海绵系统方案

将输出的计算结果与海绵公园设计目标相比，若地表径流量大或储水量小或下渗损失量小，建议增加场地中调蓄类设施的规模和数量，增设渗透类设施；与海绵公园设计目标相比，若峰值较大，建议增加具有蓄水或滞留功能的低影响开发设施的数量或规模；与海绵公园设计目标相比，若峰值开始时间较早或持续时间较长，建议增设滞留类设施，增大雨水径流地表有组织传输的路径长度。

6. 优化方案能力评估

对海绵系统方案进行优化后，建议根据方案修改内容重新建立一个对照 SWMM 模型，并输入与之前模拟相同的降雨条件，对前后两个方案的计算结果进行比较，直至选出最优方案。SWMM 模型常用 LID 设施参数见表 4-6，典型 LID 设施断面图及其径流管控过程层分布见图 4-17。

表4-6 SWMM模型常用LID设施参数

	参数	单位或取值	透水铺装	雨水花园	生物滞留池	下凹绿地
表面层	蓄水深度	mm	√	√	√	√
	植被覆盖占比	0~1	√	√	√	√
	表面粗糙系数	曼宁值	√	√	√	√
	表面坡度	%	√	√	√	√
	洼地边坡	坡度比	—	—	—	√
路面层	厚度	mm	√	—	—	—
	孔隙比	0~1	√	—	—	—
	不渗透表面占比	0~1	√	—	—	—
	渗透性	mm/h	√	—	—	—
	堵塞因子	mm	√	—	—	—
	恢复间隔	d	√	—	—	—
	恢复因子	0~1	√	—	—	—
土壤层	土壤层厚度	mm	√	√	√	—
	孔隙比	0~1	√	√	√	—
	产水能力	0~1	√	√	√	—
	倾斜点	0~1	√	√	√	—
	导水率	mm/h	√	√	√	—
	导水率坡度	%	√	√	√	—
	吸水头	mm	√	√	√	—
蓄水层	厚度	mm	√	√	√	—
	孔隙比	0~1	√	√	√	—
	过滤速率	mm/h	√	√	√	—
	堵塞因子	mm	√	√	√	—
暗渠系统	排水系数	mm/h	√	—	√	—
	暗渠偏移高度	mm	√	—	√	—
	暗渠使用控制器	是或否	√	—	√	—

注：“√”表示该LID设施具备某项属性参数；“—”表示该LID设施不具备某项属性参数。

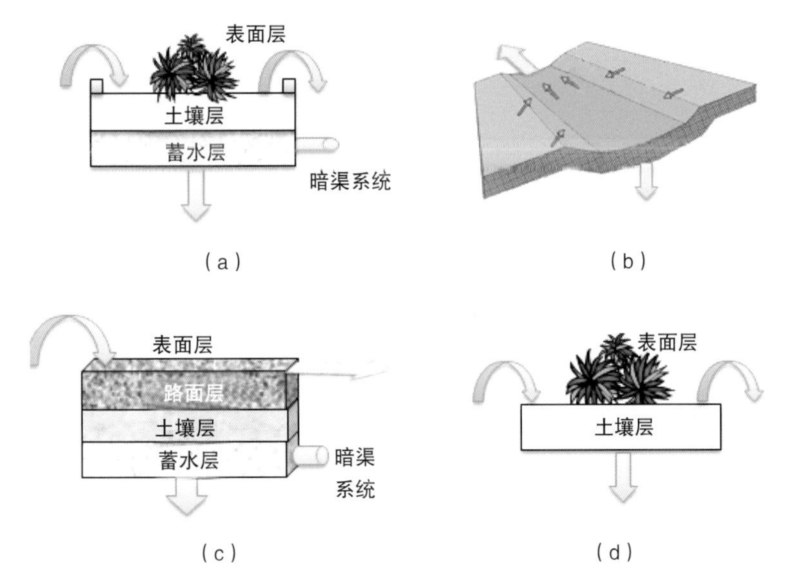

图4-17 典型 LID 设施断面图及其径流管控过程层分布
(a)生物滞留池 (b)植草沟 (c)透水铺装 (d)雨水花园

第 5 章 典型海绵公园规划设计

5.1 城市郊野公园海绵规划设计案例——天津海河教育园

天津海河教育园情况如表 5-1 所示。

表5-1 天津海河教育园情况

地点	天津海河教育园区
核心设计理念	重点解决水源、水质、水量、水体调控、水景营造、岸线处理、雨水收集等所有与雨水相关的问题，构建一个健康持续的蓝色网络
设计及建设时间	2009—2011年
项目规模	天津海河教育园区水系统规划总用地面积为37 km^2，其中一期基础设施环境绿化工程占地面积为2.3 km^2
降水情况	年均降水量少于 600 mm
设计单位	土人设计 Turenscape
参与设计人员	俞孔坚、刘玉杰、肖敏、黄刚、张慧勇、俞伏敏、文航舰、朱穆峰、林绕、贺喜源、刘昌林、陈晨、张丹明、曹明宇、范冠芳

5.1.1 区域概况

1. 地理位置

天津海河教育园区位于海河中游南岸地区，南临津南新城，规划总用地面积 37 km^2，规划办学规模 20 万人，居住人口 10 万人。其中，起步区规划用地面积约为 657.71 hm^2，由津沽公路划分为南北两区，建成后共有 7 所院校进入起步区建设范围。起步区北区包括文化中心、园区管理中心、图书馆、五星级酒店等；南区为体育中心，包括公共实训中心、体育场、游泳馆等公共建筑。此外，起步区基础设施绿地面积约为 307 万 m^2，包括除校园建设用地、城市级公共配套设施等开发建设地块红线外的绿化用地，涉及中央绿廊、城市道路绿化、护校河及沿线绿地、过境河道沿线绿化。

场地总体地势比较平坦，有大量旱地农田、菜地、果园、鱼塘、河渠，如图 5-1 所示。树木分布不均，主要分布于道路、河道两侧，其中津沽公路、咸水沽外环以及幸福河沿线的树木长得尤为茂盛。按照上位规划，场地现状中除部分居民住宅楼保留外，其他建筑全部拆除。

图5–1 场地现状（组图）

2. 气象气候

该区域年平均气温为 11.4 ～ 12.9 ℃。一年中 1 月最冷，月平均气温为 −5.4 ～ −3.0 ℃；7 月最热，月平均气温为 25.9 ～ 26.7 ℃。年平均风速为 1.9 ～ 4.3 m/s。受季风影响，一年中春季大风日数最多，平均风速最大，冬季次之，夏季平均风速最小。年均降水量为 522.0 ～ 663.4 mm，多集中在夏季，且占全年总降水量的 70% ～ 73%。年均蒸发量为 1 500 ～ 2 000 mm，全年以 5 月份蒸发量最大，是年均降水量的 3 倍。年日照时数 2 470 ～ 2 900 h，全年以 5 月份日照最长，总辐射量也最大。一年中 7、8 月平均相对湿度最大，可达 80% 左右。

3. 水文

1）地表水

区域农田水网系统发达，灌排渠道清晰可见，主要包括以下几种。

（1）排河。全长为 10.9 km，上口宽 22.5 m，下口宽 5 ～ 8 m，河底高程为 −2.7 m，常水位约为 1.4 m，流量约为 10 m^3/s，马道宽 3 m，河堤高程为 3.5 m。

（2）幸福河。河道全长为19.9 km，设计流量为12 m^3/s，河底宽5～8 m，河底高程为-1.25～-0.75 m，水深2.2 m，河堤高程为3.5 m。

（3）卫津河。与海河相通，全长为11.5 km，上口宽25 m，下口宽10 m，河底高程为-2.7 m，流量为10 m^3/s，常水位约为1.4 m。

2）地下水

场地地势低洼，地下水位较高。土壤呈弱碱性，pH值介于8.1和8.5之间。

4. 水资源

由于场地内地表水盐碱含量较高，无法作为灌溉用水使用，且过境河道水量、水质不能得到保证，故场地内绿化灌溉用水水源没有保障，淡水资源匮乏，景观用水和绿化灌溉用水成本高。

5.1.2 区域海绵建设面临的问题与需求

1. 大规模的开发建设造成区域水文环境的显著改变

随着海河教育园区的全面建设，区域的综合径流系数将大幅提高，加之该地区地势低洼，地下水位较高，雨水下渗困难，雨后地表雨水径流量将大幅增加，雨水径流的汇集速度也将明显加快，区域内涝风险增大，亟须参照场地开发建设前的水文环境，予以生态化的修复和恢复。

2. 区域淡水资源稀缺

区域内地表水存在一定程度的盐碱问题，而过境河道水量、水质却难以得到保障，场地建成后的大规模园林绿化灌溉用水成本极高，因此区域内雨水资源的收集和再利用将成为有效降低园林绿地灌溉成本的重要途径。

3. 区域绿地的生态服务功能亟须提升

海河教育园区是国家级高等职业教育改革试验区、教育部直属高等教育示范区、天津市科技研发创新示范区，其以构建“人与人、人与自然、人与社会和谐相处”的生态校园为规划建设目标。这就对园区的绿地规划设计提出更高的要求，需要其同时兼顾绿地建设、游憩空间、学校安全等多重服务功能。

4. 区域建设土方工程巨大

由于场地现状地势低洼，海河教育园区建设的填方量巨大，土方稀缺。结合区域现状农田水网格局，开挖湿地水系，可为就近填高建筑用地和道路用地提供土方，降低建设投资成本。

5.1.3 海绵系统运作模式

通过对区域及场地自然条件、城市规划建设的系统分析，基于量化水文计算，本着生态、经济、社会及景观效果综合效益最优化原则，提出建立以生态雨洪调蓄利用为核心的海河教育园区起步区海绵系统构建方案，最大限度地减少雨水管道和雨水泵站的建设，并结合景观规划设计，综合解决雨洪、绿地建设、游憩空间及学校安全的问题，构建多功能融合的绿色海绵系统。

1. 海绵系统构成要素

这一海绵系统由以下 4 大景观元素构成。

（1）护校河系统。作为校园雨洪管理的主要基础设施，护校河线形自然流畅，两侧自然式堤岸种植大量湿生植物，蜿蜒穿行于湿地和林地中。

（2）中央水系绿廊。规划设计连续的景观河道和湿地带，串联校园湖泊，形成集生态雨水收集、湿地景观营造、休闲游憩功能于一体的景观水系带。

（3）城市道路。所有道路的设计均与生态雨水沟相结合，解决道路的雨洪管理问题。

（4）生态防护绿地。利用现有农田肌理，构筑以农田灌渠、排渠为基本骨架，融灌溉、压盐碱与景观营造功能为一体的水系统，并于林中增加小型池塘、下凹绿地等低影响开发设施，就地蓄滞雨水。

2. 海绵系统运行方式及路径

总体上，海河教育园区可划分为 3 组完全独立的水系，即西北侧的水系 1、东北侧的水系 2 和南侧的水系 3。每组水系都由护校河和中央湿地水系组成，两者既相对独立，又局部联系。相对独立表现为护校河与中央湿地水系所服务的汇水区是独立的，局部联系表现为护校河与湿地水系通过设置的补水泵和溢流设施实现水量转移。最终，在充分利用雨水及保障园区防涝安全的前提下，设计方案得以实现，保障了景观水系的正常运转，保障了枯水季节水系的水景效果。为支撑该海绵系统的运行，园区内共设有城市雨水泵站 2 座，水系补水泵 5 处，水系排水泵 3 处、护校河溢流设施 3 处。天津市海河教育园区（起步区）海绵系统平面如图 5-2 所示，汇水分区划分如图 5-3 所示。

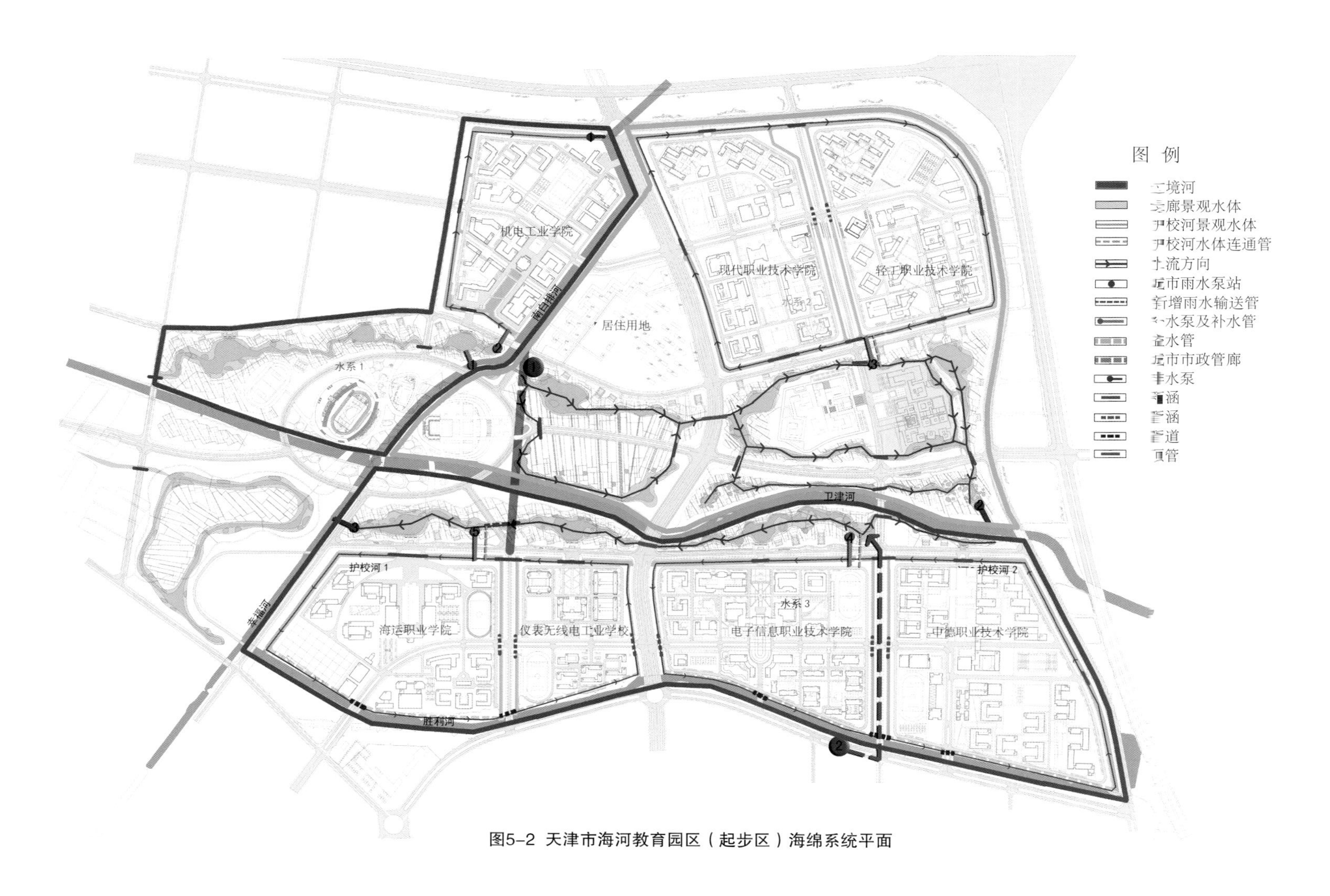

图5–2 天津市海河教育园区（起步区）海绵系统平面

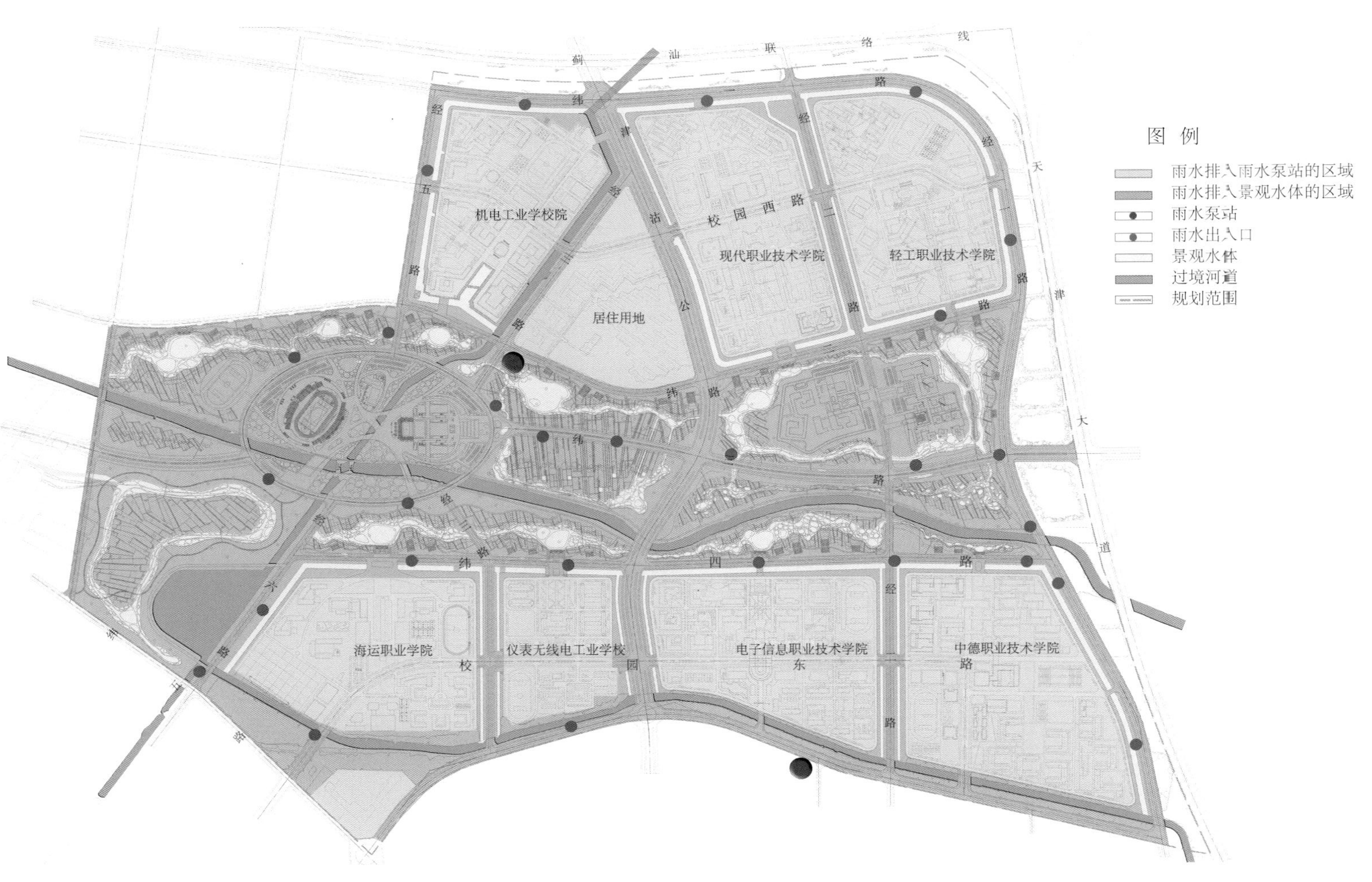

图5-3 天津市海河教育园区（起步区）子汇水区划分

具体而言，在雨季，中央绿廊和护校河区域的雨水直接进入护校河和湿地水系，1# 雨水泵站的雨水排入湿地水系，使水系水位上升。当护校河水位达到最高水位时，通过 3# 溢流管系排入湿地水系，确保水位不超过最高水位；当湿地水系的水位达到最高水位时，1# 雨水泵站的出水停止排入湿地水系，改为直接排入南白排河，同时启动 2# 排水泵，将湿地水系内的水泵入卫津河，确保水位不超过最高水位。在旱季，由于降雨量减少，加之蒸发和渗透的作用，水系水位随之下降。当护校河水位降到为保障景观效果所需的最低设计水位时，启动 3# 补水泵，将湿地水系内的水泵入护校河内，对护校河进行补水；当湿地水系水位降到最低水位时，通过 1# 雨水泵站，将南白排河的水泵入湿地水系，对湿地水系进行补水。雨水收集利用系统示意如图 5-4 所示。

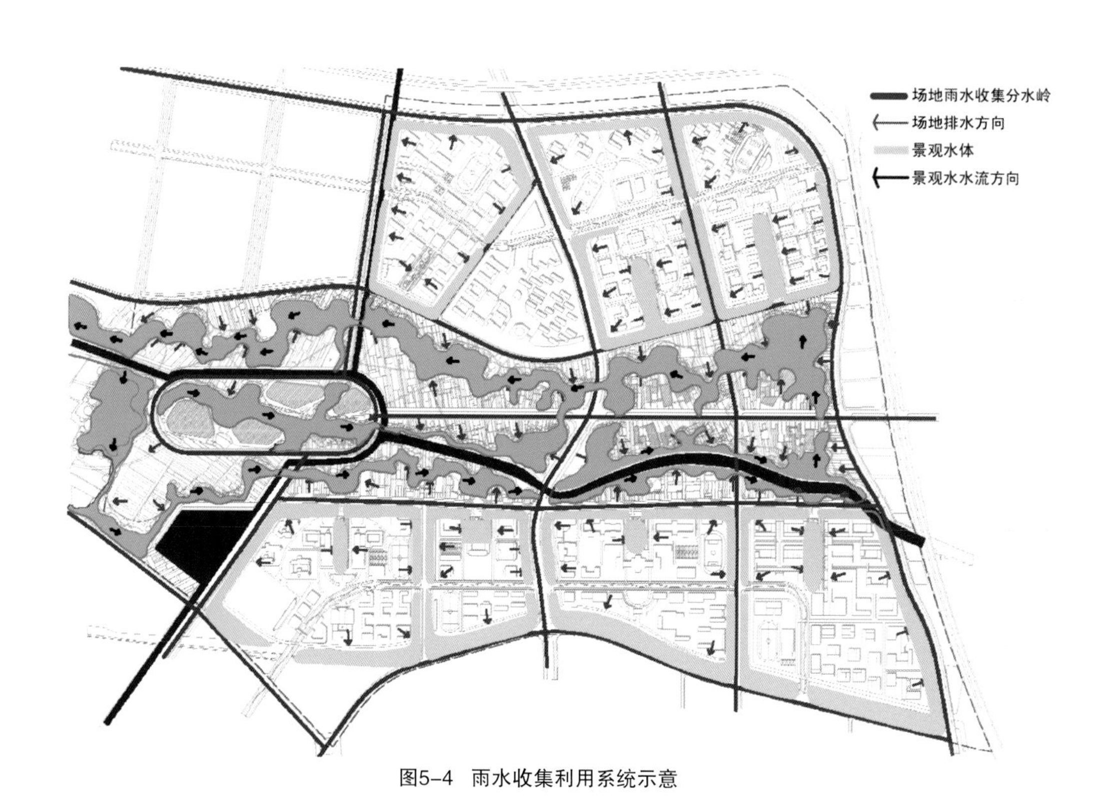

图5-4　雨水收集利用系统示意

常态情况下（5 月底和 8 月底），水系 2 流量调整流程如图 5-5 和图 5-6 所示，涝季历年最大月降雨状态水系流量调整流程如图 5-7 所示。

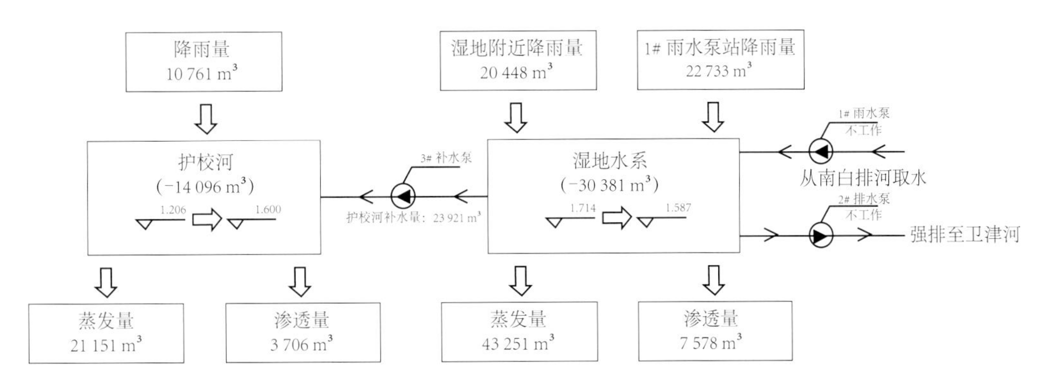

图5–5 常态情况下（5月底），水系2流量调整流程

（注：全年排掉雨水总量为110 115 m³）

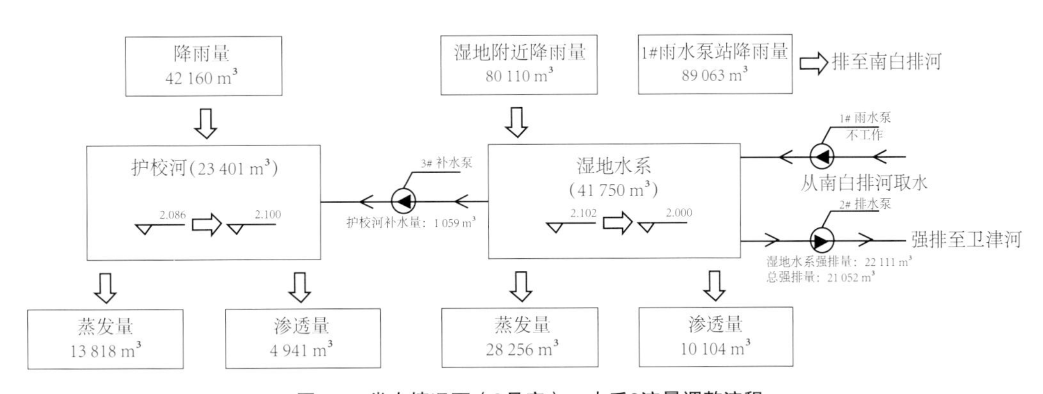

图5–6 常态情况下（8月底），水系2流量调整流程

（注：全年排掉雨水总量为 110 115 m³）

5.1.4 海河教育园区海绵系统景观设计

海河教育园区规划设计平面图如图 5-8 所示。

1. 景观结构

海河教育园区以“网络 + 片层 + 节点”为景观结构。海河教育园区景观结构分析如图 5-9 所示。

（1）交织叠加的网络。它覆盖整个起步区，包括水网、绿网、游憩网和展示网。各网

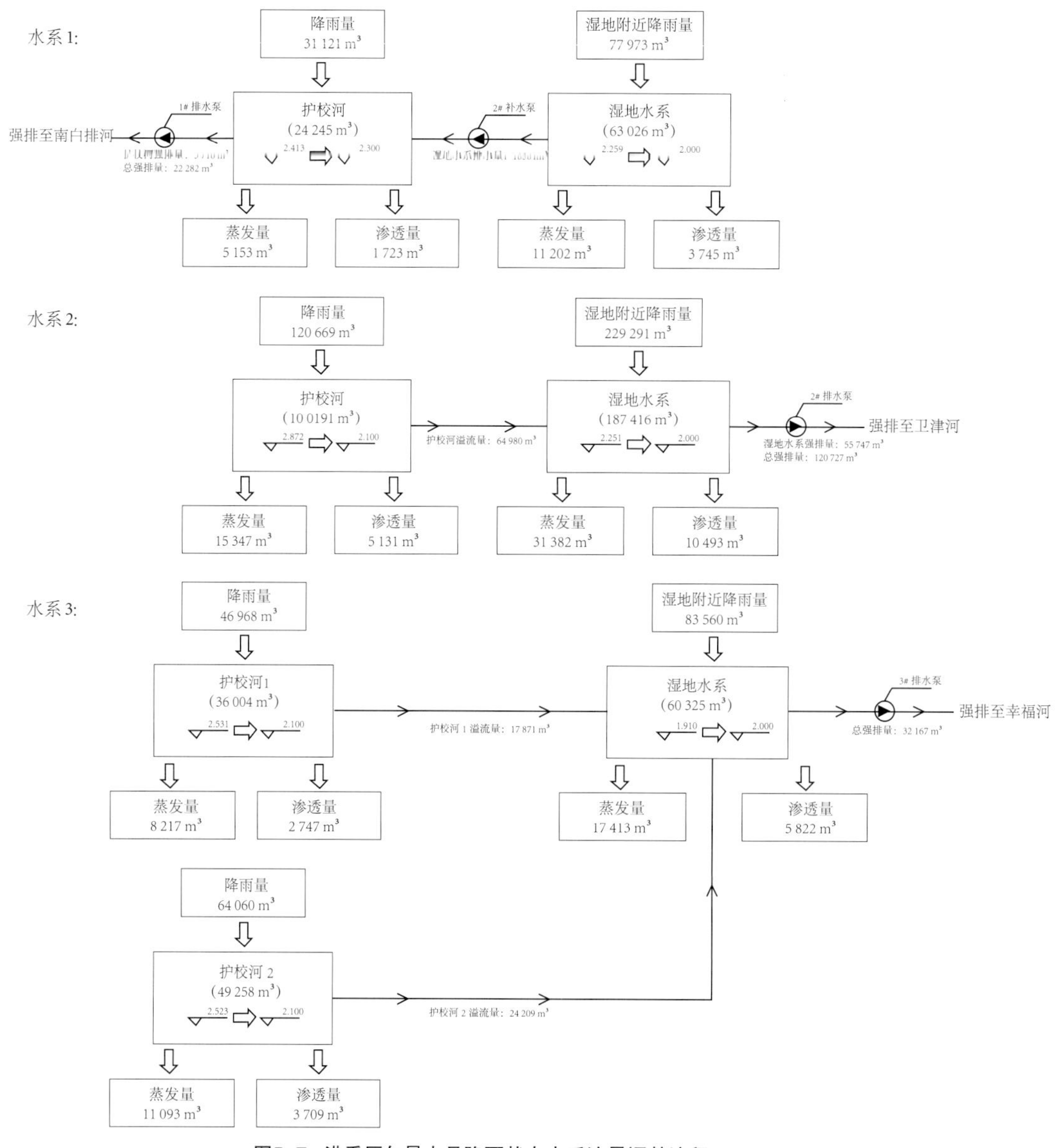

图5–7　涝季历年最大月降雨状态水系流量调整流程

(注：强排雨水总量为 175 176 m³)

络既自成系统，又相互制约，共同构成起步区的生态景观格局。

(2)片层结构的生态绿廊。生态绿廊呈现“一轴、两带、一环”的景观结构。其中，“一轴”指中央景观大道构成的景观中轴，“两带”指校园沿线的林带，“一环”指环形景观河道。

(3）节点。园区大型公共建筑、校园景观轴、校园景观轴在绿廊延伸处的人工湖区、大型生态湿地，构成本方案的重要景观节点。这些景观节点景色优美、使用频率高，是景观设计中的重点所在。

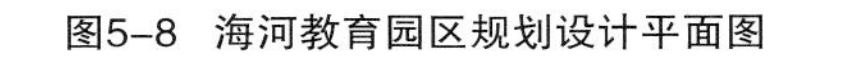

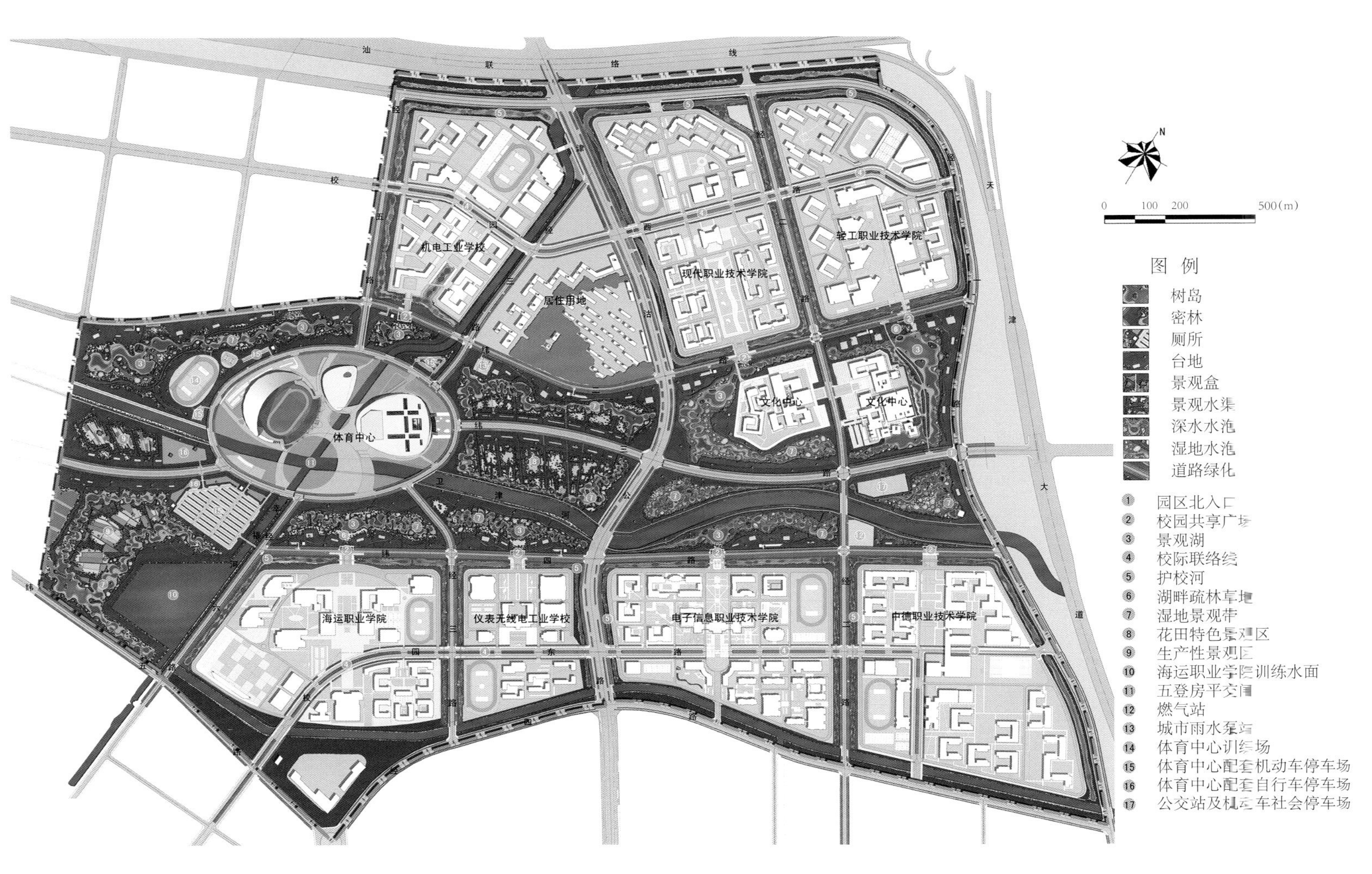

图5-8 海河教育园区规划设计平面图

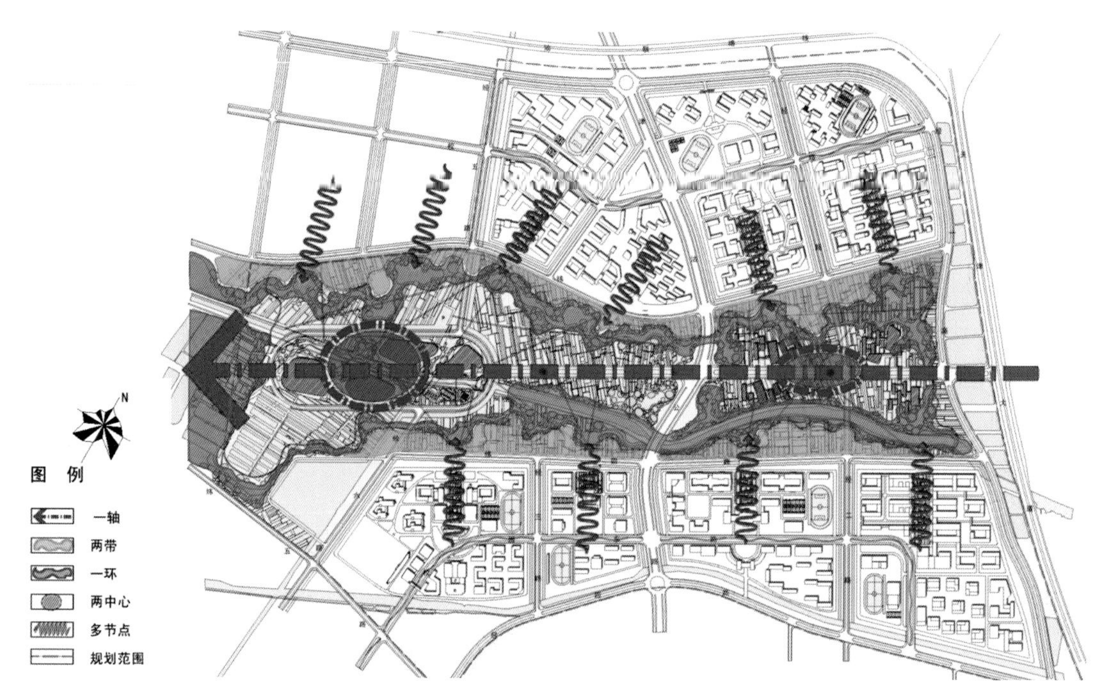

图5–9 海河教育园区景观结构分析

2. 景观要素设计方案

1）护校河景观设计

各学校四周均设置一条 30 m 宽绿带，绿带内设置护校河，护校河平均宽度为 10 m。结合各学校地块形态考虑交通流线与校门设计，突出功能性与实用性，运用景观设计手法设计护校河景观，使其既体现护校河的围墙作用，又给人以恬静自在的空间感受，营造一种封闭式的开放模式，打造舒适的自然空间。护校河景观平面图如图 5-10 和图 5-11 所示，景观剖面图如图 5-12 和图 5-13 所示，景观效果如图 5-14 和图 5-15 所示。

2）中央绿廊景观设计

设计连续的景观河道和湿地带，串联校园景观湖，形成集生态雨水收集、湿地景观营造、休闲游憩功能于一体的重要绿廊景观。河道、湿地带两侧为连续的密林带，其高大葱郁，可减弱城市道路方向的噪声，使建筑掩映在绿树之中。每个校园的景观中轴延伸至景观绿廊，以人工湖为景观收束点。人工湖湖面开阔，周边水草生机勃勃，草地舒展，点缀树形优美的乔木，背景为高大茂密的林地，为师生读书、休憩提供优美而舒适的环境。特色花田景观区，位于体育中心以北、纬三路以东地块；对现有农田渠网肌理进行梳理，并加以艺术化处理，强化林网景观效果，形成直线形景观要素和特殊体验空间；大面积种植花卉，形成绿廊内最富有活力、充满热情和生命力的区域。中央绿廊景观平面图如图 5-16 和图 5-17 所示，中央绿廊水景观要素剖面及景观效果草图如图 5-18 ～图 5-20 所示，中央绿廊效果图如图 5-21 所示。

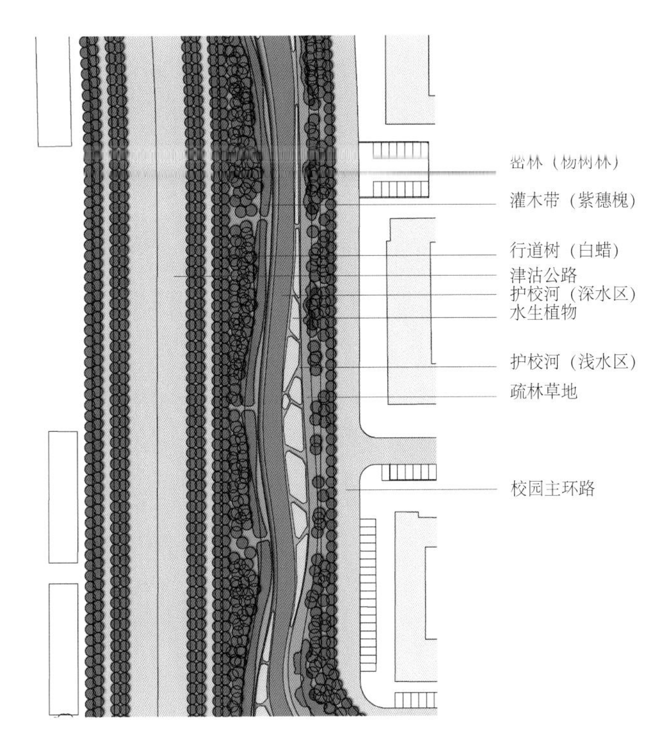

图5-10 护校河（津沽公路段）景观平面图

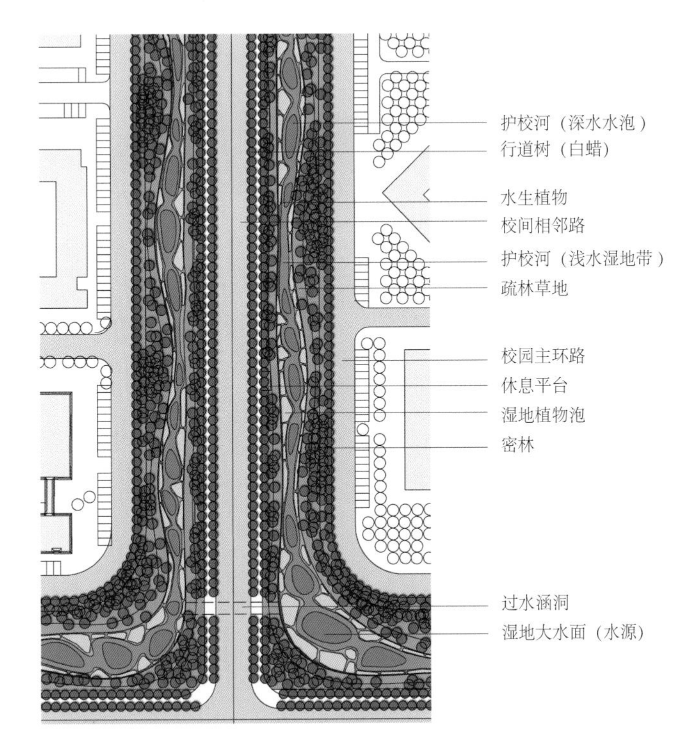

图5-11 护校河（学校相邻段）景观平面图

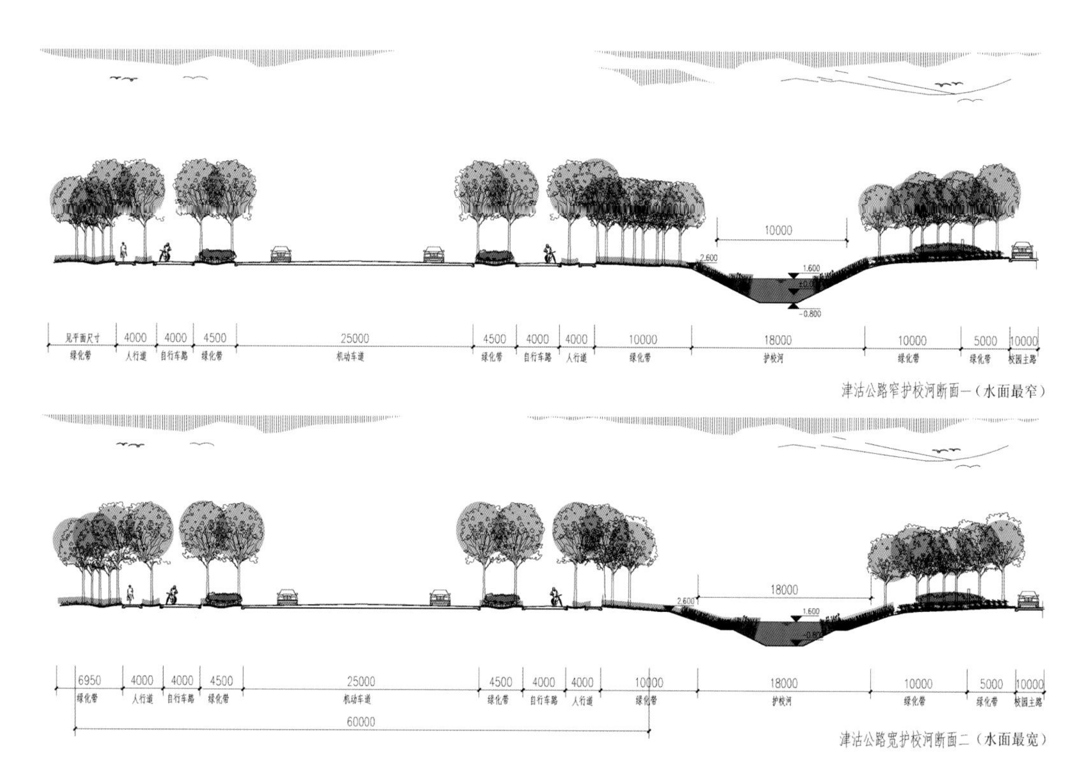

图5-12 护校河景观剖面图（津沽公路段）

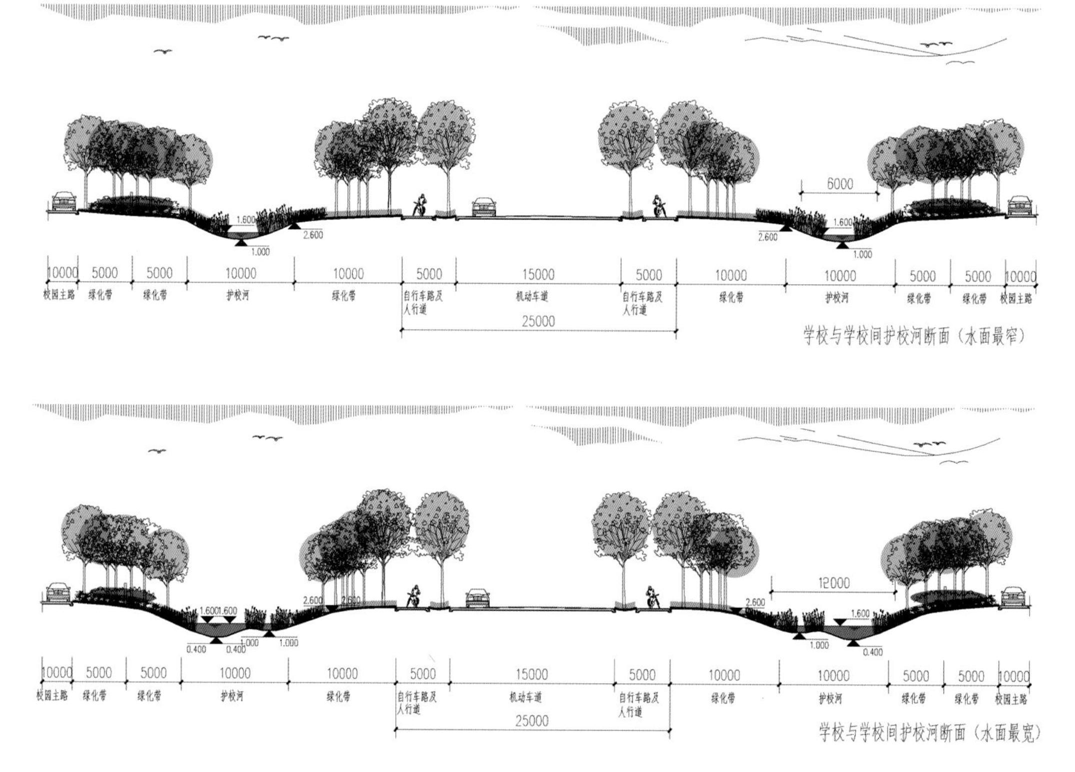

图5-13 护校河景观剖面图（经二路段）

图5–14　护校河景观效果图（学校间）

图5–15　护校河景观效果图（津沽公路段）

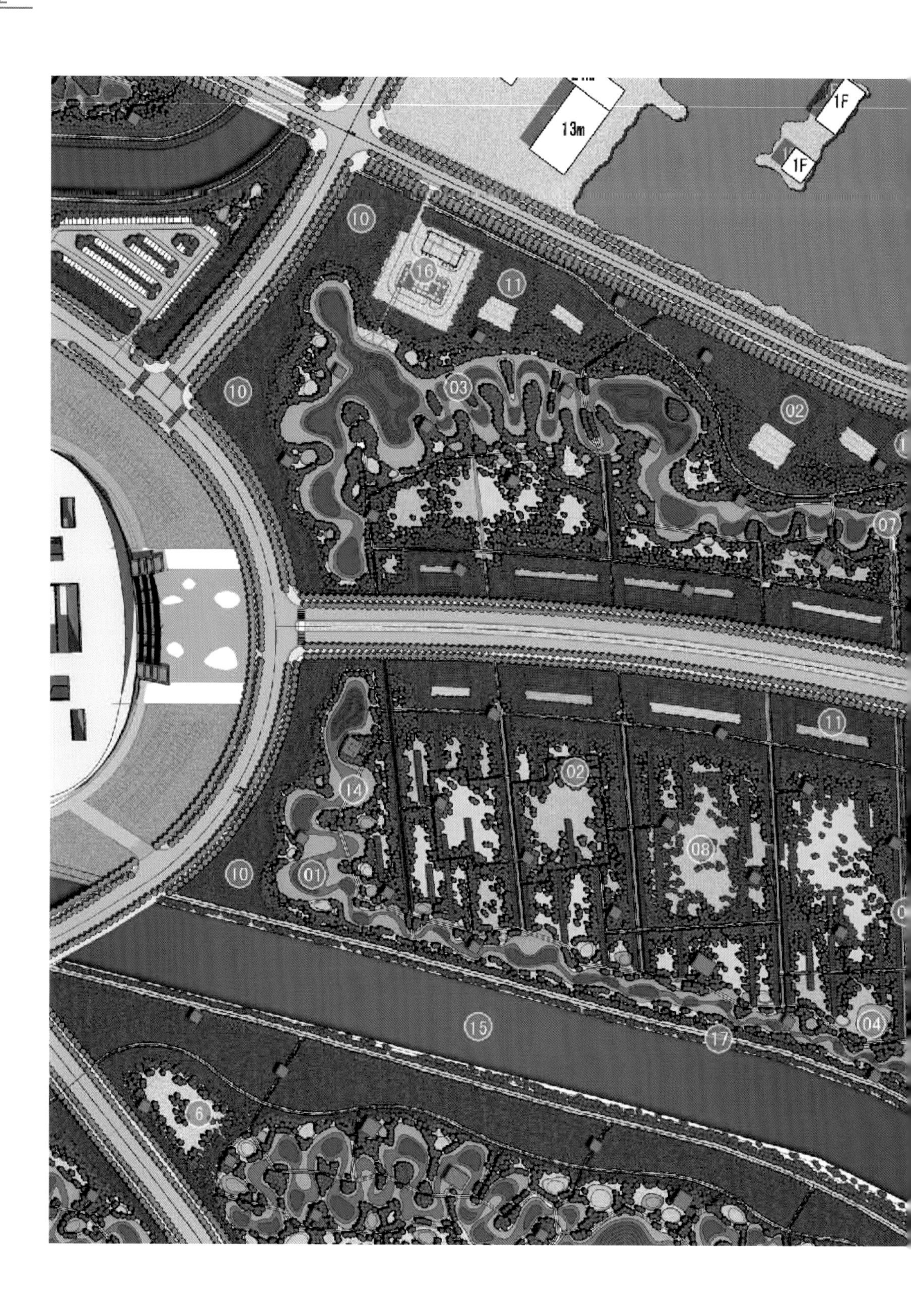
13m
1F
1F
10
16
11
10
03
02
07
11
02
14
08
10
01
15
17
04
6

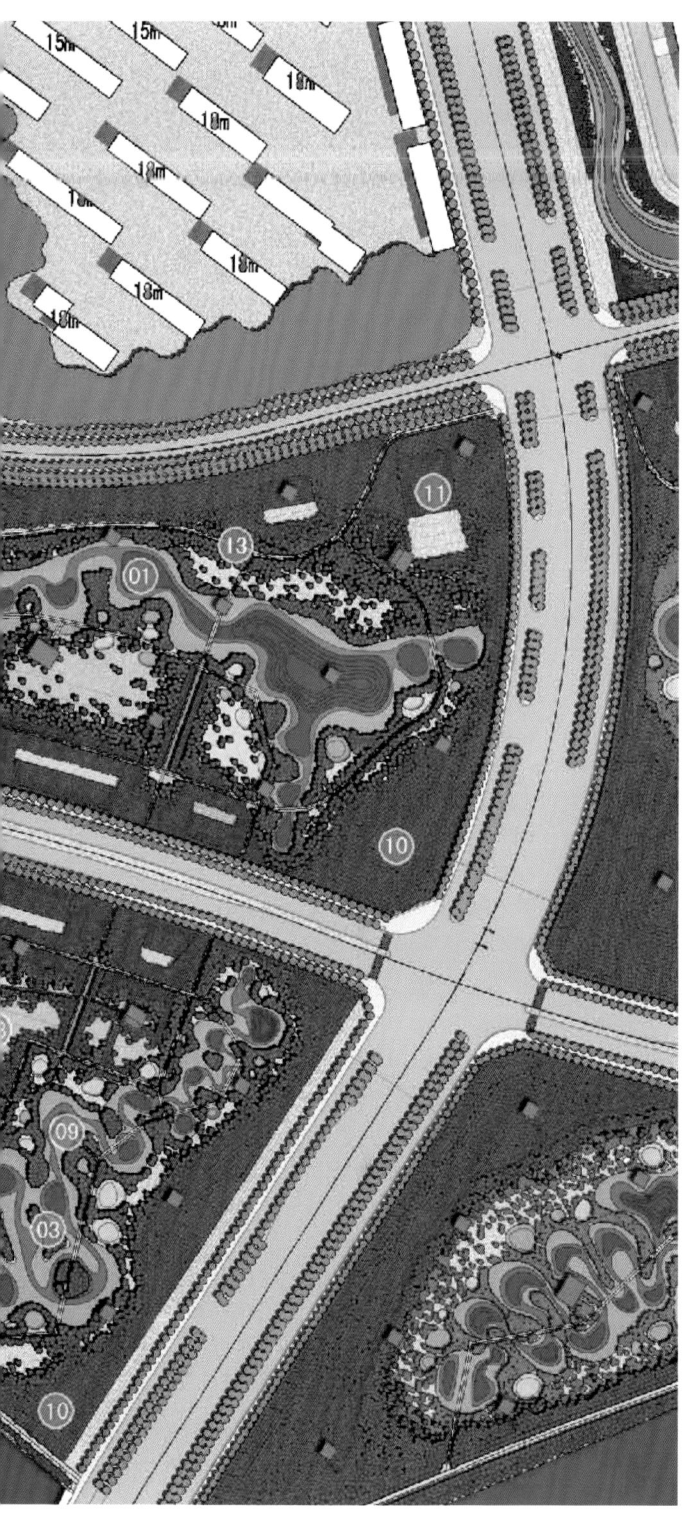

图例

01 深水水泡
02 景观盒
03 生态树岛
04 湿地水泡
05 景观水渠
06 疏林草地
07 湿地景观带
08 花田特色景观
09 水生植物
10 密林
11 台地树阵
12 公共卫生间
13 自行车路
14 休闲步道
15 卫津河
16 城市雨水泵站
17 堤顶路

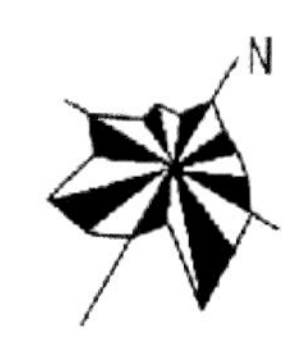

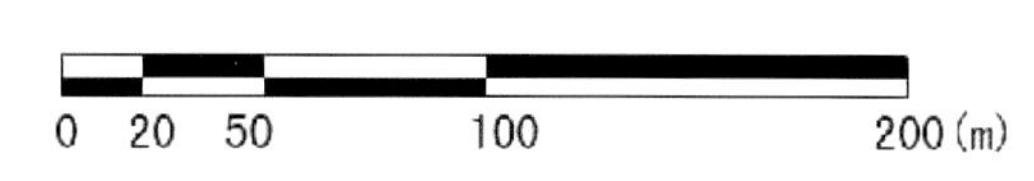

图5-16 中央绿廊景观平面图（一）

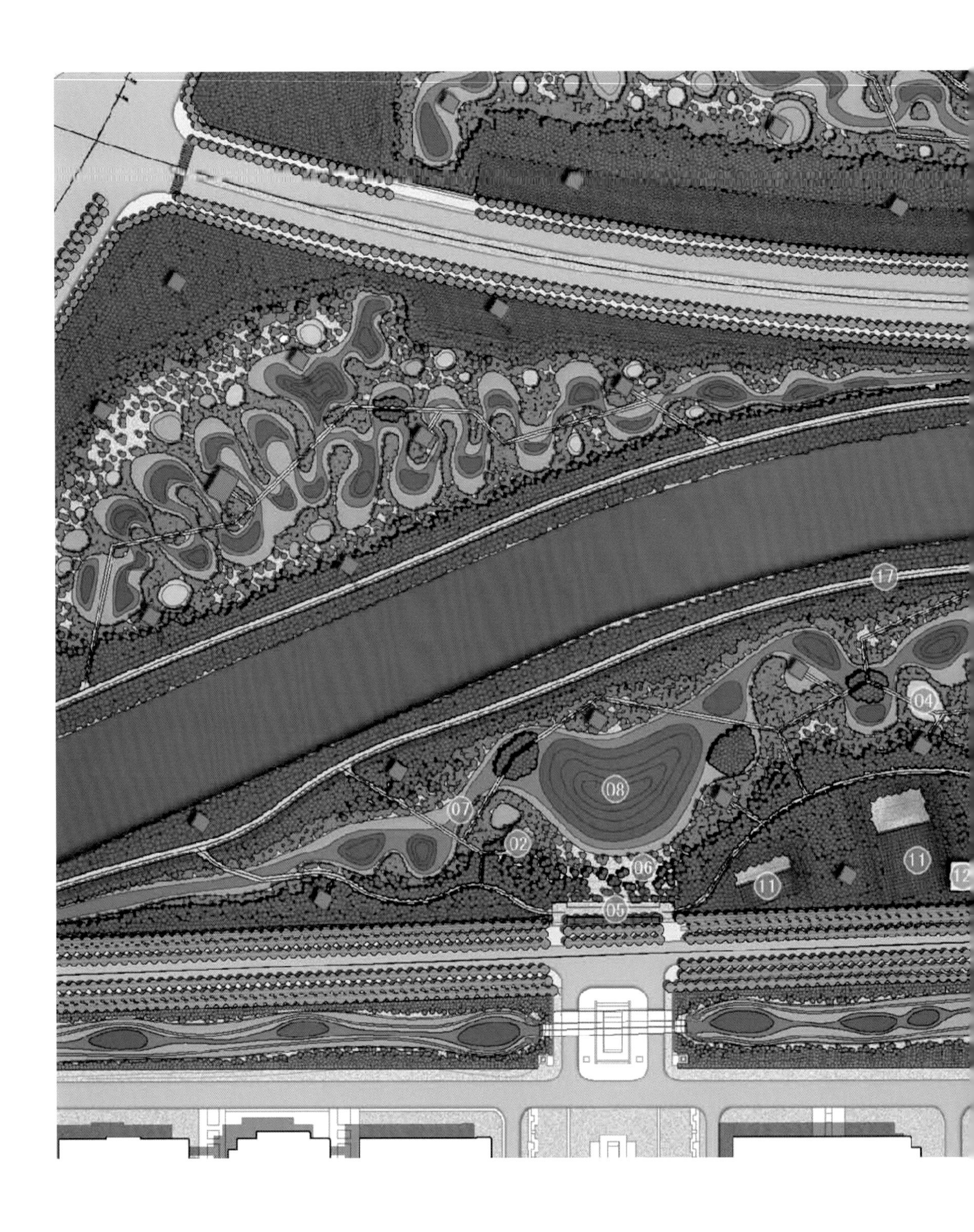
17
04
08
07
02
06
05
11
11
12

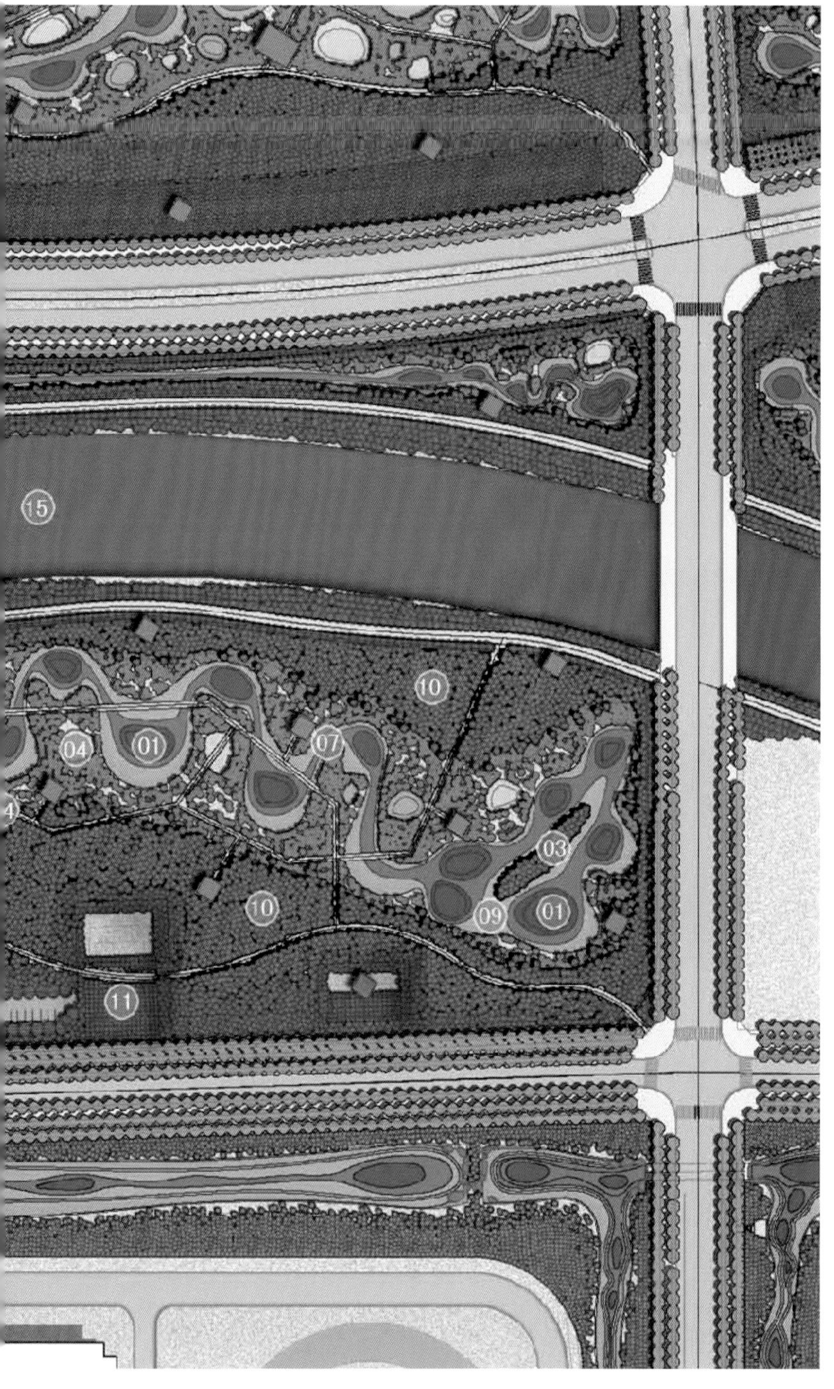

图5-17 中央绿廊景观平面图（二）

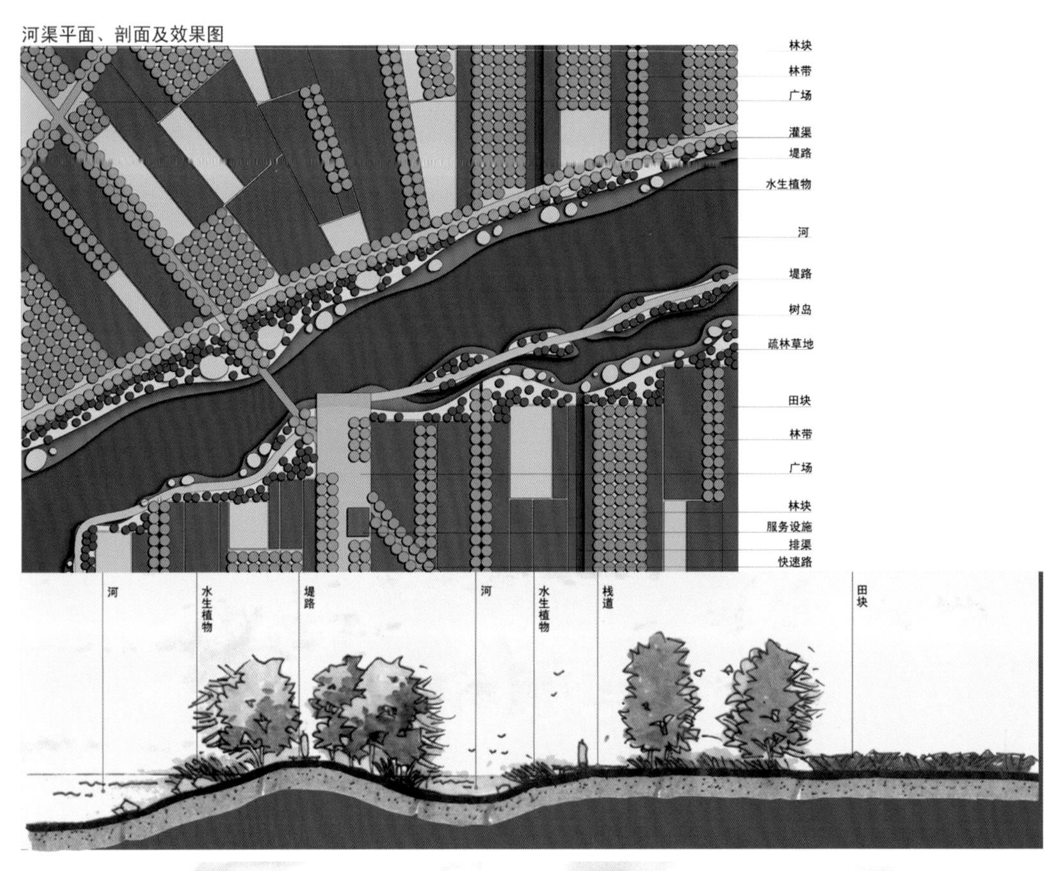

图5-18　中央绿廊水景观要素剖面及景观效果草图（一）（组图）

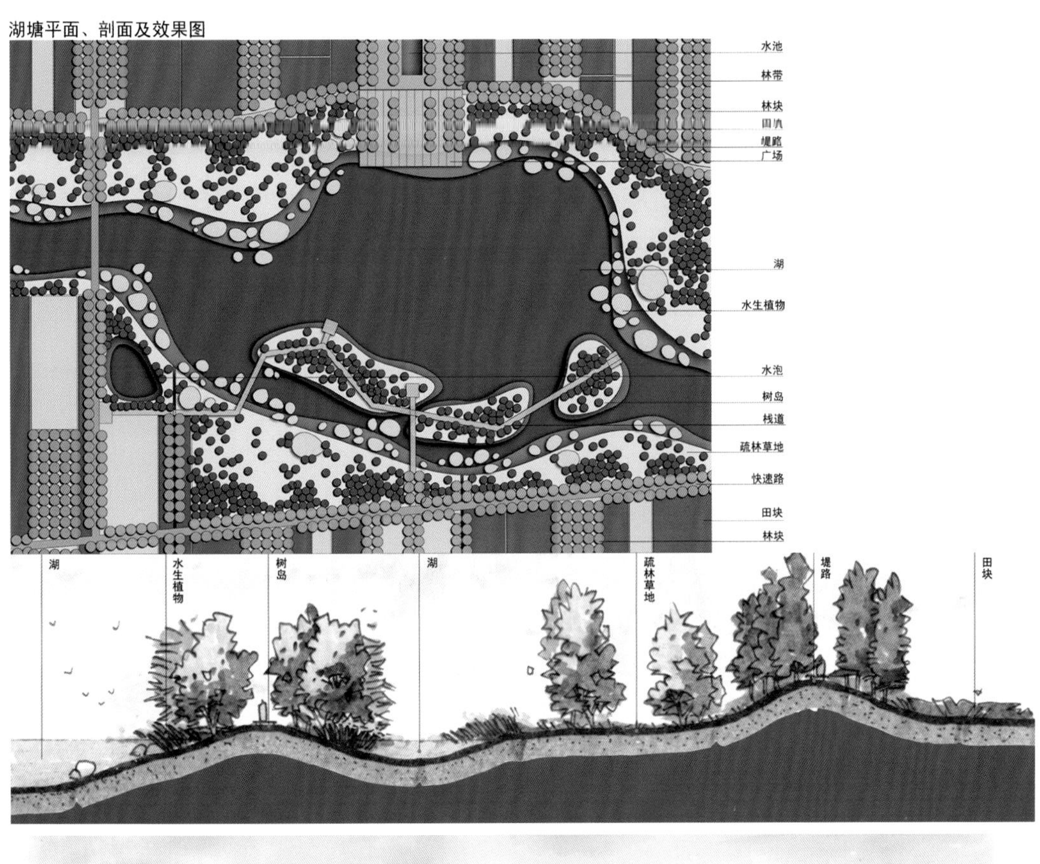

图5-19　中央绿廊水景观要素剖面及景观效果草图（二）（组图）

湿地平面、剖面及效果图

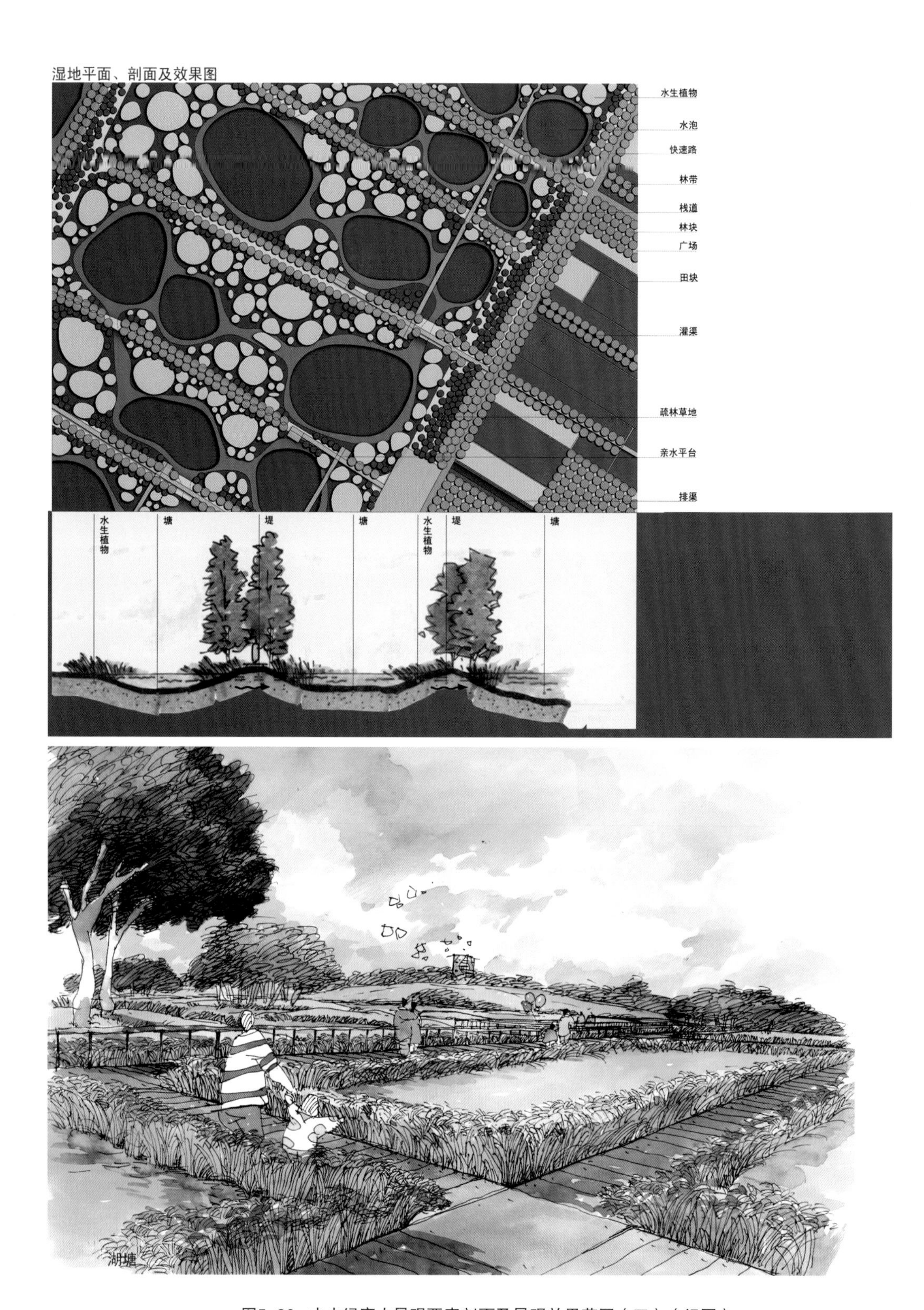

图5-20　中央绿廊水景观要素剖面及景观效果草图（三）（组图）

图5-21 中央绿廊效果图（组图）

（1）中央绿廊中的河渠景观模式。采用自然生态的堤岸形式，沿线种植湿地植物以起到过滤雨水径流、净化水体、吸附水中盐碱的作用，从而逐步改善场地内的水土条件，以利于植物生长。河渠周围景观与农田肌理紧密结合，树阵沟渠、农田相互交错布置。河中绿岛、河边堤岸规划成为人们平时游玩观景的好去处。

（2）湖塘景观模式。主要的湖塘位于校园景观轴与中央生态绿廊的交会处，是校园景观轴的进一步延伸。在景观湖周围，规划一些亲水场所和校园展示空间。临湖侧为疏林草地，其间穿插观景的木栈道及休息平台，而在临城市道路一侧则种植密林，隔离外界干扰，从而创造一种幽静自然的空间。

（3）湿地景观模式。湿地岸边设置栈桥和亲水平台，让人们获得美好的亲水体验；展示区域展示水体净化流程，具有一定的科普作用。湿地中大量种植湿生植物，包括荷花、芦苇、菖蒲等。

3）城市道路景观设计

通过路缘石断接、道路绿化标高降低，利用道路绿化分隔带进行雨水径流的管控。城市道路剖面图如图 5-22 所示，平面图如图 5-23 所示，城市道路效果图如图 5-24 所示。

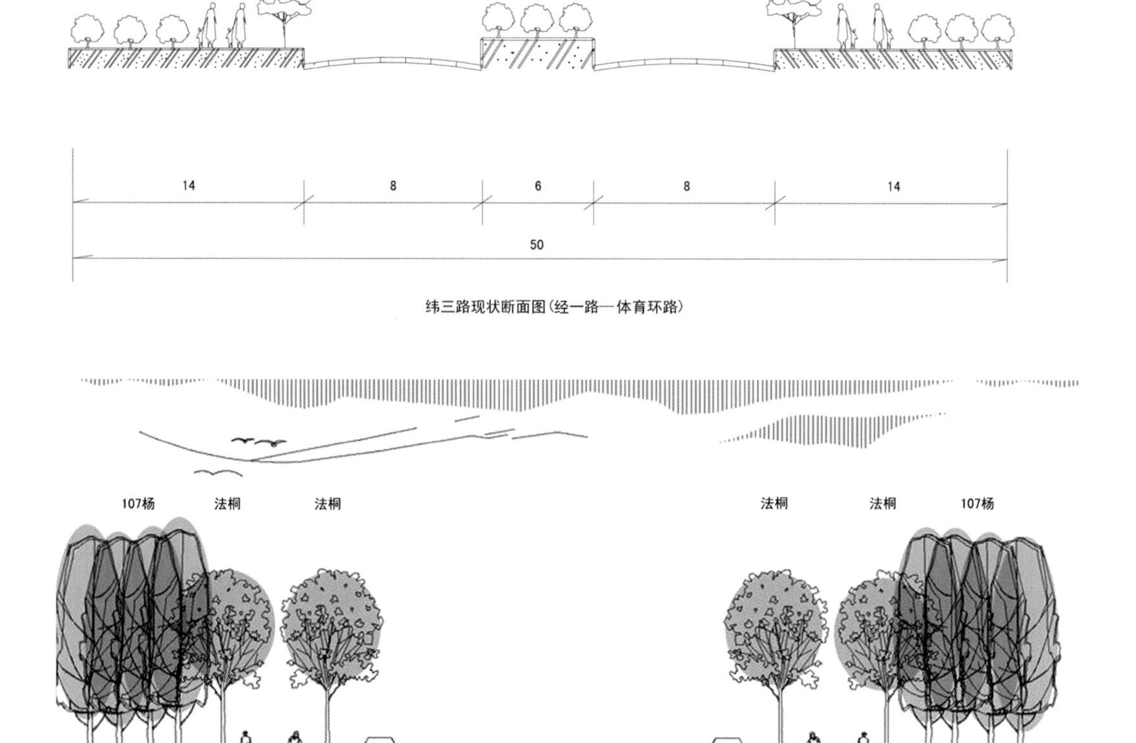

图5-22　城市道路剖面图

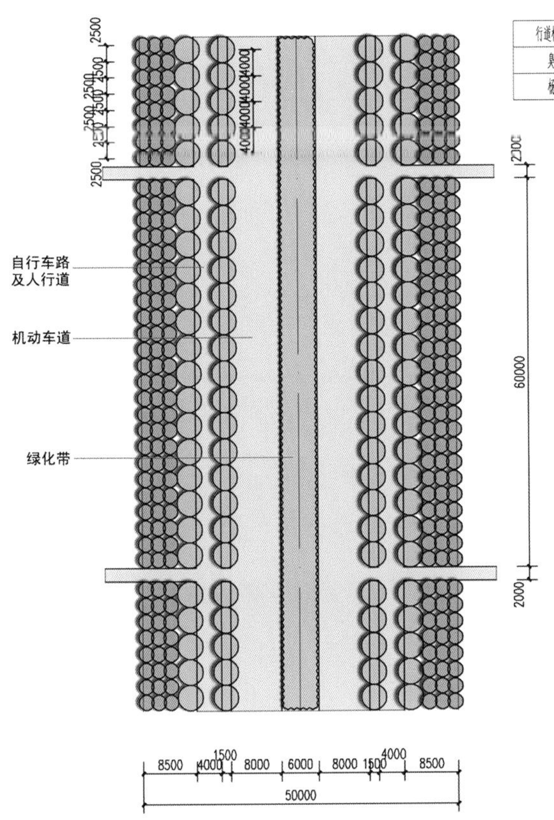

行道树名称	排数（排）	间距（m）	规格（cm）
臭椿	4	4	8–10
杨树	6	2.5	6–8

图5–23 城市道路平面图

5.1.5 建成后的实际效果

本项目一期工程从 2009 年开始施工，2011 年项目建成投入使用，运行至今状况良好。不但经受住了 2014 年天津区域内强降雨的考验，而且形成了优美的生态环境。护校河建成后实景如图 5-25 所示，中央绿廊景观带实景如图 5-26 和图 5-27 所示，城市道路建成照片如图 5-28 所示。

图5–24 城市道路效果图

图5-25 护校河建成后实景（组图）

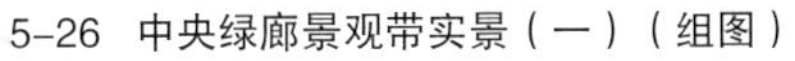

5-26　中央绿廊景观带实景（一）（组图）

图5-27　中央绿廊景观带实景（二）（组图）

图5-28　城市道路建成后实景（组图）

5.2 城市海绵湿地公园规划设计案例——天津中新生态城南堤滨海步道公园

天津中新生态城（简称生态城）南堤滨海步道公园基本情况见表 5-2。

表5-2 天津中新生态城南堤滨海步道公园基本情况

地点	天津市滨海新区中新生态城
核心设计理念	针对项目所在地生境严重破坏的现状及其对于区域防洪安全的重要价值，设计将生态修复、雨洪管理以及休闲游憩等多种功能进行融合，真正做到了“让湿地公园成为人民群众共享的绿地空间”，为生态修复与防洪减灾协同增效提供了示范作用
设计及建设时间	2020—2022年
基本信息	本公园位于天津临海新城永定新河的入海口北岸，海滨大道以东、北侧海挡以南的吹填造陆区，面积为35 hm^2，无市政管网
降水情况	年均降水量 574.9 mm
设计单位	天津滨海旅游区投资控股有限公司、艾奕康（天津）工程咨询有限公司

5.2.1 项目区域概况

1. 地理位置

项目位于天津滨海新区海岸线上永定新河的入海口处，地势低洼，呈现淤泥质海岸的特点。

2. 气象气候

项目所在地位于渤海湾。渤海湾是一个半封闭的内陆湾，三面环陆。根据 1951—2006 年的统计降水资料可知，项目所在地多年平均降水量为 528.6 mm，降雨具有持续时间短、强度大的特点。年均降雨日数为 64 ～ 73 d，汛期平均降雨日数为 42 d，降雨多集中在每年的 7—8 月，且这两个月的降雨量可达到全年降雨量的 50%。整个夏季的降雨量占全年降雨量的 80% ～ 84%。项目所在地存在风暴潮灾害，近年风暴潮发生的频率持续增大，使得项目所在区域夏季城市防洪压力较大。而到了枯水期，区内河道水位大幅下降，甚至会出现断流现象。

3. 土壤与地下水情况

依据《岩土工程详细勘察报告——中新天津生态城南堤滨海步道》，项目所在场地属海积-冲积滨海平原，是典型的粉砂淤泥质海岸，土壤以黏土为主，渗透性较差，且盐渍化现象严重，具有土壤层基质软、潜水层浅的突出特点，加之地区水面蒸发量是降雨量的 3 倍，更加重了土壤的盐渍化，对土地改良和绿化植物的生长发育十分不利。场地地下水埋深 0.5 m 左右，不利于雨水径流的入渗和压盐。场地的上述特点都极大地限制了低影响开发设施的应用。

4. 生境情况

场地为永定新河和蓟运河汇入渤海的入海口，是受到渤海湾涨潮落潮影响的区域，是典型的多种生境并存的湿地河口海岸及河海生境演替的栖息地。但是在围海造陆的影响下，堤防内外生境均发生了较大改变，原始生境遭到破坏，生物种类匮乏，环境承载力弱。场地情况如图 5-29 所示。

5. 海潮情况

该地区的潮汐为正规半日潮，有两次高潮和两次低潮，从高潮到低潮和从低潮到高潮的潮差为 2 m 左右，平均潮位为 1.54 m，最高潮位为 5.81 m，最低潮位为 -1.08 m。该地区的潮流为典型的往复流，表现为流速较大，水流速度随水深的增大而减小，涨潮时的水流速度大于落潮时的水流速度。该地区波浪多为以风浪为主的混合浪，随季节变化十分明显，波高在 2 m 以上的大浪并不常见，月平均出现时间只有 2 ～ 3 d，最大波高为 4.5 ～ 5 m，

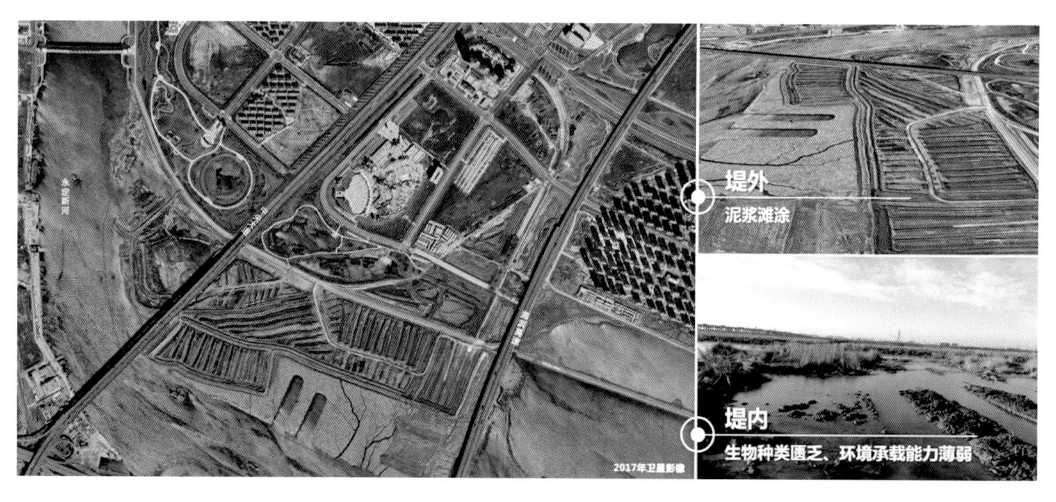

图5-29　场地情况

波高在 1 m 以下的浪月平均出现时间为 18 ～ 20 d。

5.2.2 区域海绵系统建设面临的问题与需求

1. 上游防洪、下游防潮和城市防涝三重需求

项目位于永定新河与渤海湾的交汇处，天津滨海新区中新生态城南堤内外。该堤既是永定新河入海的北治导线，也是整个中新生态城南部防洪防汛的屏障。在雨季，项目所在场地既受到海水对陆向河水的托顶作用，也承受来自建成区的排涝压力和河水水位上涨的防洪压力。因此，在该场地上规划设计的公园首先必须能够承载上述三重防洪排涝的压力，在保障自身安全的前提下，发挥防洪防汛屏障的作用，为其所在汇水区域提供终端雨洪管理功能。

2. 土壤盐渍化严重，生态脆弱，常规海绵设施适用性差

项目所在场地长期以来一直是一片荒芜的泥浆滩涂，由于地下水位高，加之水体交换能力弱，土壤含盐量高，生物种类匮乏，未能形成较好的生物群落，环境承载力弱。这就要求公园的海绵设计在兼顾防洪排涝功能的同时具备排盐的功能，以促进自然生态演替和生态修复。

5.2.3 公园海绵系统设计

项目基于海绵城市倡导自然做功的雨洪管理思路，突破传统的以海岸工程、水利工程为主导的海岸空间规划，将海岸从原来只具有防潮、防洪安全功能的单一空间向具有综合洪水管控、生态修复、景观游憩等多重功能的复合化空间转化，实现韧性防灾、生态修复、空间价值提升的目标。

项目以改善海陆生态隔离状态，软化城市与海洋的硬质灰色边界为切入点，将城市和景观、景观和海洋联系在一起，创造出更加丰富、更有深度的多样界面，形成城市、人与自然亲和的堤岸公园空间，如图 5-30 所示。

图5-30 公园设计理念

1. 海绵功能定位

（1）海绵公园作为中新生态城南部

循环水系的重要组成部分，对汛期海潮、河水以及生态城市涝水进行终端调蓄管控，发挥海绵设施的雨洪管理功能。

（2）海绵公园促进河水、海水的交互，改善场地的水动力条件，在洗盐、降盐的同时，营造半咸水沼泽、草本沼泽、木本沼泽等多种生境，推动生境演替，实现场地生境的稳定恢复。

（3）海绵公园促进土壤排盐，缓解土壤盐碱问题，保障植物生长。

2. 海绵系统规划布局

1）为中新生态城南部的“大海绵系统”规划布局服务

基于“大海绵系统”设计策略，设计团队从区域完整的水文循环过程入手，在进行公园海绵系统构建时不囿于公园设计红线，而是与中新生态城南部的水循环系统相融合，利用园内雨水湿地的规划设计，结合雨水泵站的布设，构建城市、场地（湖泊与湿地）和大海三者互相连通的海绵系统，强化公园对生态城南部区域防汛排涝、雨水调蓄、生态净化的管控作用，同时通过完整的海绵系统的构建，改善场地水循环动力条件，净化公园水质，降盐排盐。“大海绵系统”构建思路示意如图 5-31 所示。

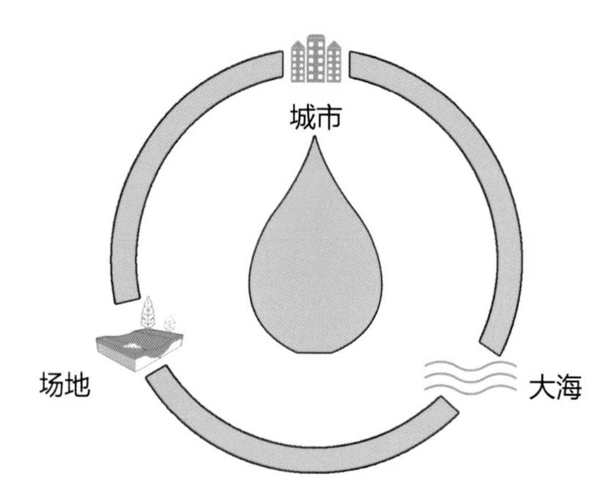

图5-31　“大海绵系统”构建思路示意

中新生态城南部“大海绵系统”循环示意如图 5-32 所示。南堤滨海步道公园内海绵系统及其循环方案设计草图如图 5-33 所示。其运行模式为中新生态城南部城区的雨水径流经雨水泵站首先汇入南堤滨海步道公园停车场下的初期雨水弃流调蓄池，调蓄池蓄满之后雨水径流排入公园内的雨水湿地。若雨水湿地、中央湖体调蓄的雨水超过设计水位，则溢流径流经新建外排涵闸进入中新生态城南部水系，从贝壳堤湿地公园处自流入海。对于四季降雨不均的地区而言，该运行模式赋予了密集建成区雨洪管理弹性，在防洪排涝的同时可提高水资源的利用效率。

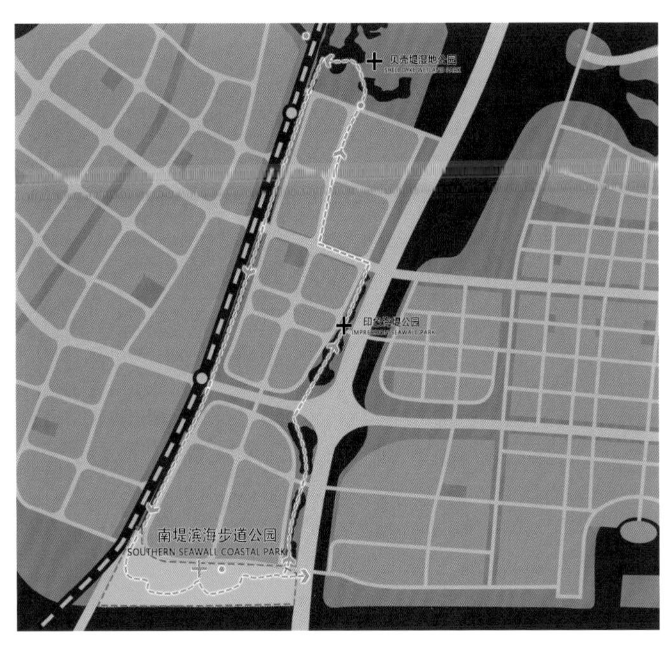

图5-32 中新生态城南部“大海绵系统”循环示意

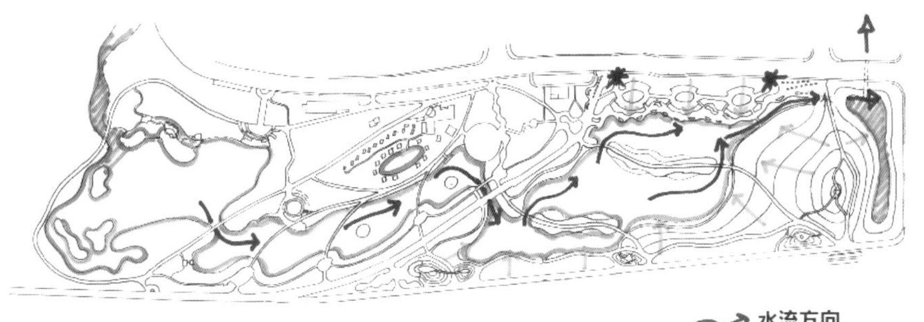

图5-33 南堤滨海步道公园内海绵系统及其循环方案设计草图

2）南堤滨海步道公园内海绵系统规划与布局

园内通过合理的竖向设计，构建源头化雨洪管理海绵系统，实现不低于 90% 的年径流总量控制率和 70% 的 TSS 削减率的海绵公园建设目标。具体雨洪管理路径为：园路、广场、绿地中的雨水径流就地下渗，超蓄产流通过砾石沟汇入下凹绿地，若发生溢流则汇入景观水体，参与中新生态城南部水体循环；当景观水体达到设计水位时，雨水泵站启动，将多余雨水径流直排入海。南堤滨海步道公园内海绵设施布局如图 5-34 所示，南堤滨海步道公园内海绵系统循环流程如图 5-35 所示。

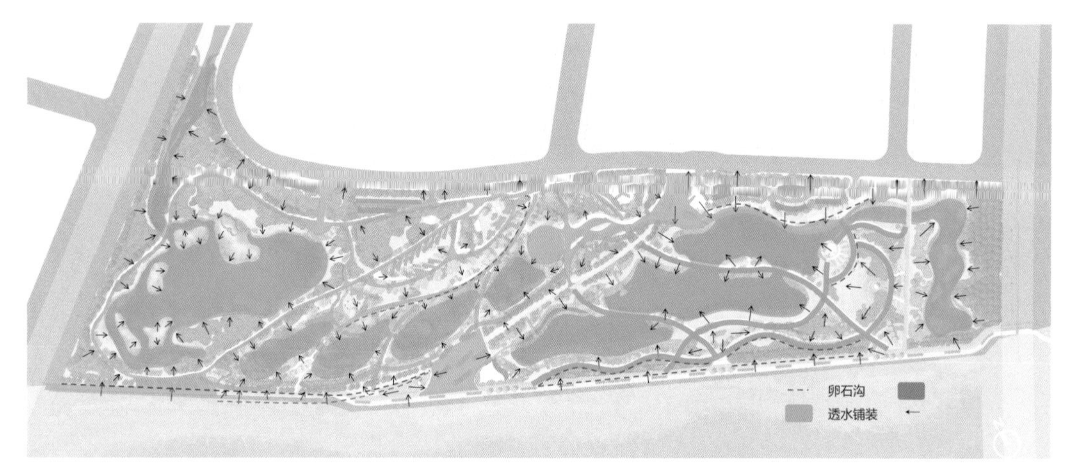

图5-34　南堤滨海步道公园内海绵设施布局

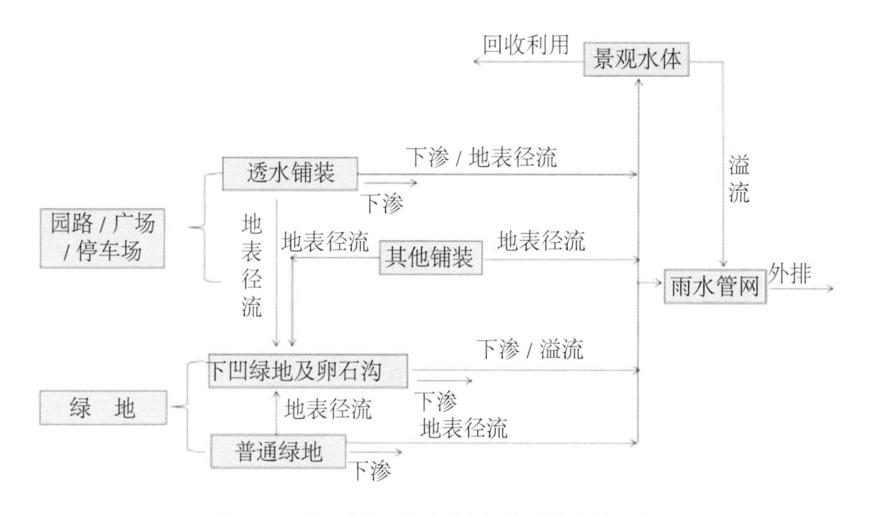

图5-35　南堤滨海步道公园内海绵系统循环流程

需要特别说明的是，虽然在建设中进行了大规模的公园土壤修复、换土等工作，但由于场地原有土壤盐碱度高，为了保障景观植物的生长条件，土壤降碱排盐仍是公园规划设计、管理维护的重要内容之一。根据《天津市海绵城市建设技术规范》中5.1.24节的要求，盐渍土等特殊土壤地质场地不得采用雨水入渗系统。5.1.26节要求，对于土壤含盐量高于0.3%的地区，应将海绵城市建设与盐碱地绿化相结合，通过微地形处理、在盐碱土周围砌筑围堰储存雨水、以盲沟+暗管组合排盐等方式储蓄雨水。因此，为协调土壤中“水”和“盐”两要素的平衡关系，一方面公园内绿地避免采用渗透设施，广泛采用“蓄、滞、排”的方式，借助具有传输功能的卵石沟和集中蓄水水体进行雨洪管理；另一方面，通过地形设计，将海绵设施与排盐系统结合起来，体现海绵设施的地域化特点。

3. 海绵设施设计

1）滞蓄体系

场地滞蓄体系包括下凹绿地和景观水体两类。下凹绿地如图 5-36 所示，景观湖体如图 5-37 和图 5-38 所示。

下凹绿地用于承接公园内的超渗产流，搭配碎石和植物净化雨水径流。景观水体包括雨水湿地和景观湖体两类，用于承接上游来自生态城南部的雨水径流和超过下凹绿地储蓄

图5-36 下凹绿地

图5-37 景观湖体（一）

图5–38 景观湖体（二）（组图）

量的溢流雨水，结合水生植物种植实现TSS去除的目标。雨水湿地由现状坑塘水洼发展而来，水较浅，易于营造物种丰富的水生生境，是陆生和湿生生境物质和能量交换最为频繁的区域，水质净化效果最佳，如图5-39所示。景观湖体面积达91 935 m^2，位于公园的中心位置，

图5–39 雨水湿地

是园内进行雨量调蓄、参与中新生态城南部水循环的核心要素，溢流雨水可顺地形自然汇入湖体。入汛前，景观湖集中排放部分湖水，以降低湖体水位，提供调蓄容积；而在汛期，周边泵站可将雨水排入湖体，起到防洪排涝的作用。

2）排水系统

卵石沟是地面有组织径流管理的主要海绵设施。园内的卵石沟排水系统位于园路两侧，园路通过单向或双向放坡，将路面超渗产流排至卵石沟，再传输至下凹绿地或景观水体等。园内卵石沟如图 5-40 和图 5-41 所示，其做法详图如图 5-42 所示。

3）路面渗水系统

项目内的场地铺装以透水性铺装为主，包括露骨料透水混凝土、透水砖、嵌草砖、鹅卵石、碎石、碎拼铺装等，公园透水铺装率大于 80%。对于大面积不透水路面，采用中断法打

图5-40 卵石沟（一）（组图）

破其连续性。露骨料透水混凝土均选用天然石材，利用不同石材的天然原色，保障耐久性和生态性。骨料强度符合国家标准，粒径均匀，无过多粉尘；水泥采用高强度等级，抗碾压、抗沉降、抗冻胀；透水地坪孔隙率高达 20%，可增加透水、透气面积，即使遇到强降水天气，也可有效缓解地面积水。园内透水铺装如图 5-43 所示，大面积不透水路面如图 5-44 所示，透水铺装施工详图如图 5-45 所示，大面积不透水路面构造做法如图 5-46 所示。

图5-41 卵石沟（二）（组图）

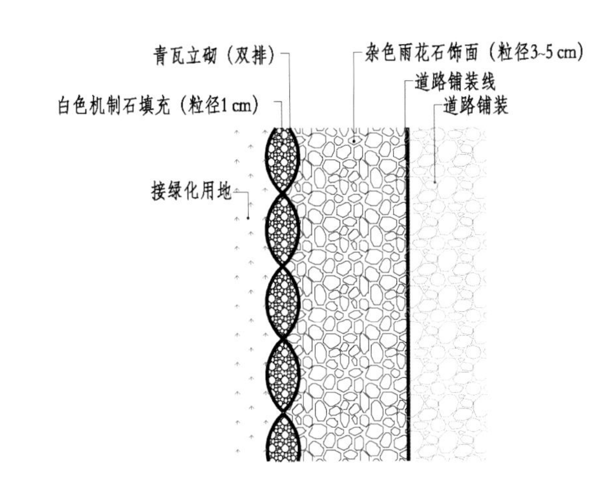

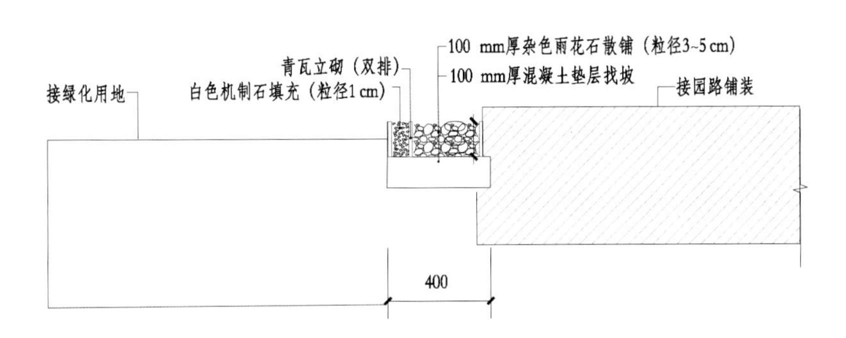

图5-42 卵石沟做法详图

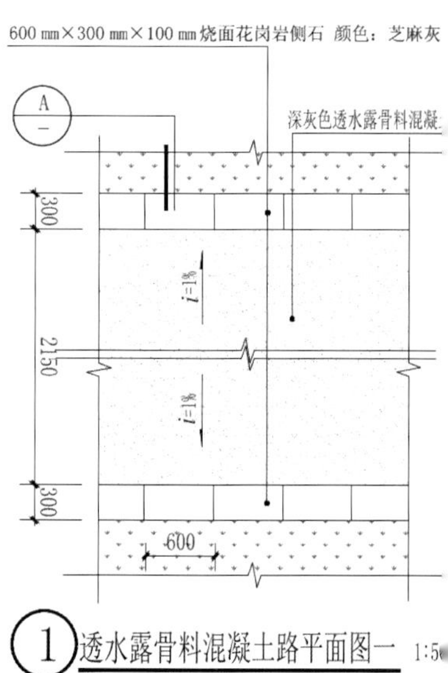

图5-43 园内透水铺装（组图）

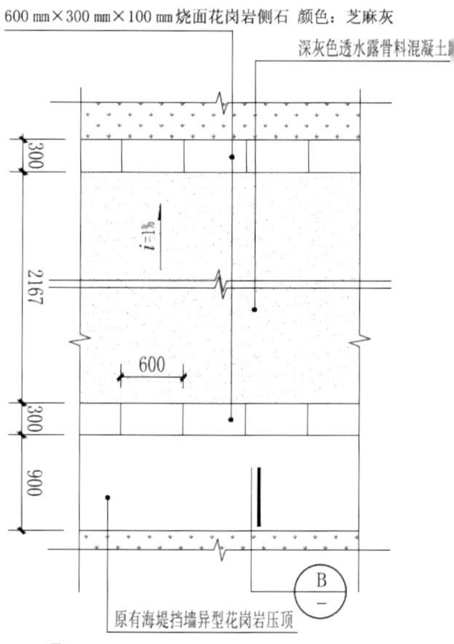

图5-44 大面积不透水路面

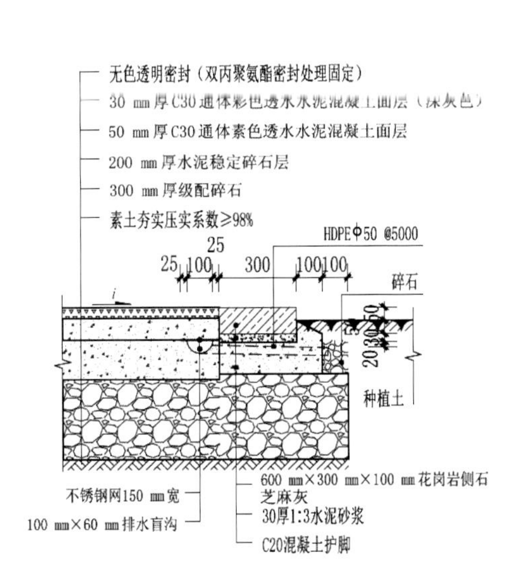

A 半透水露骨料混凝土园路断面做法 1:20

600 mm×300 mm×100 mm 烧面花岗岩侧石 颜色：芝麻灰

深灰色透水露骨料混凝土路面

300

2150

300

900

600

② 透水露骨料混凝土路平面图二 1:50

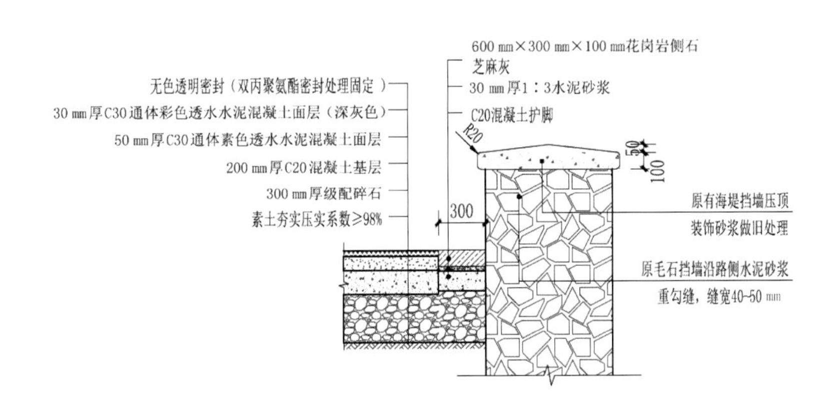

B 半透水露骨料混凝土园路断面做法 1:30

图5-45 透水铺装施工详图（组图）

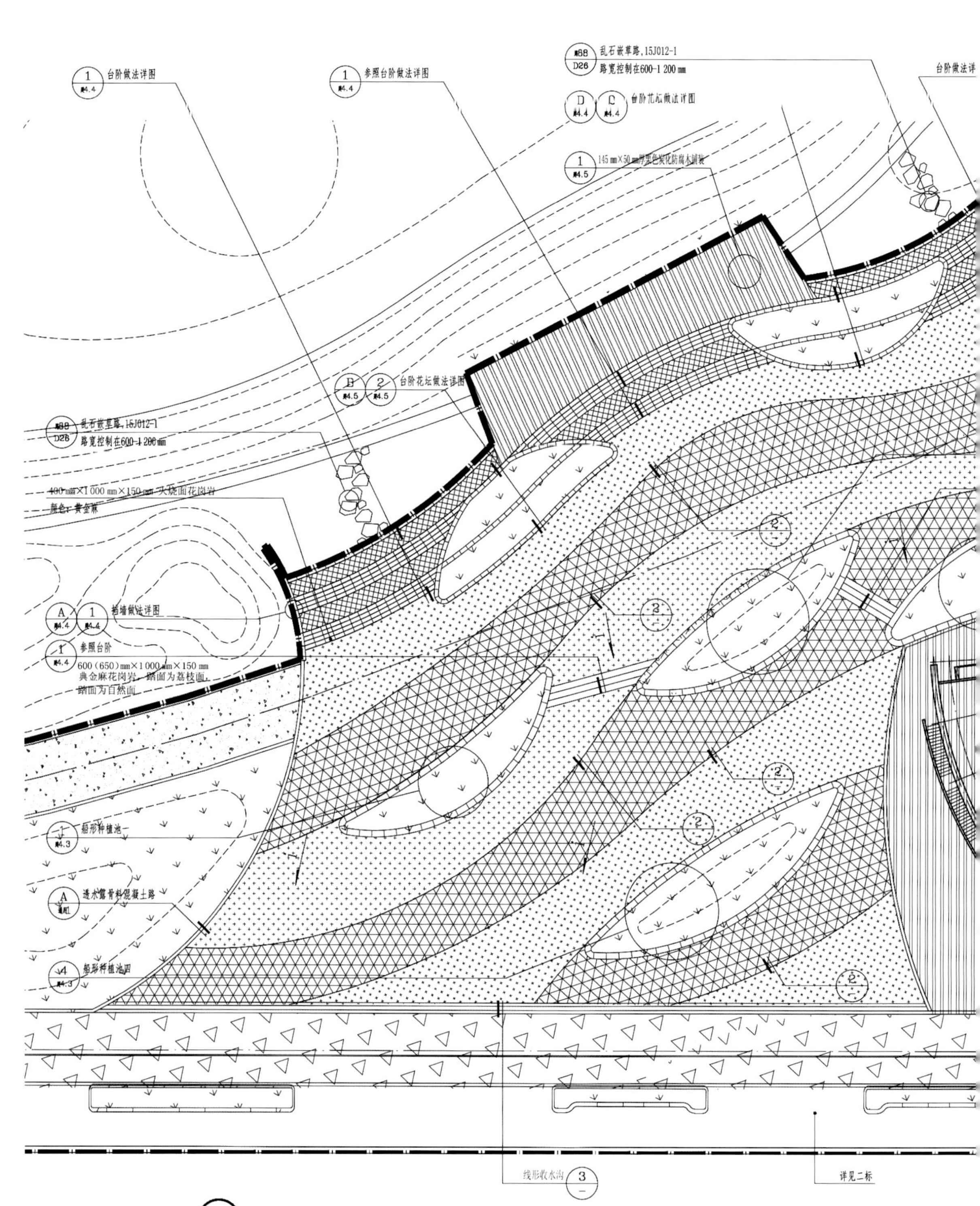

① 观光海堤节点铺装及索引平面图 1:300

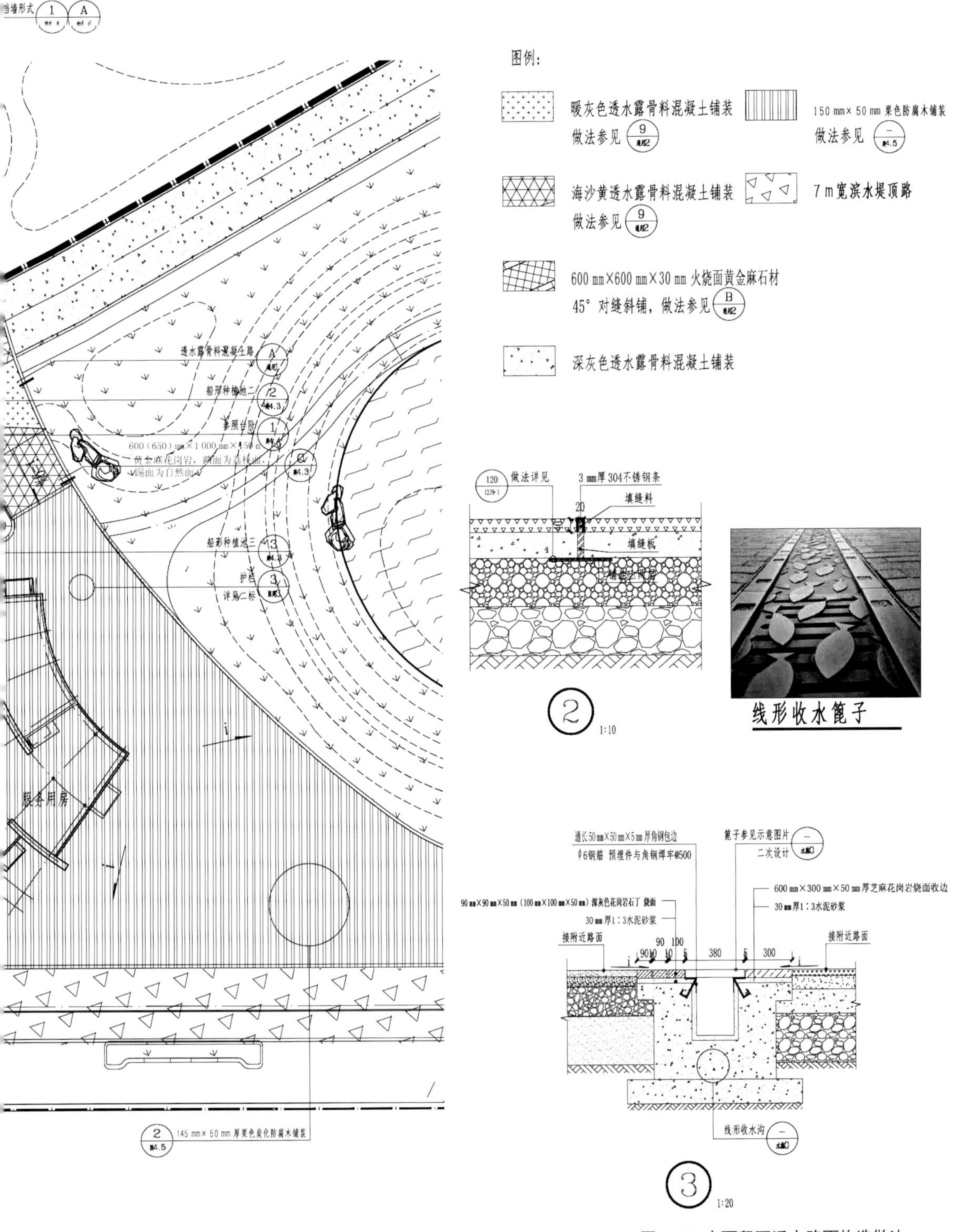

图5-46 大面积不透水路面构造做法

4）净水系统

公园利用雨水湿地、景观湖体结合地形塑造、深水植物种植、基质填充，构建“前置塘—潜流湿地—表流湿地—集中水体”的逐级净水体系，完成“沉淀—预处理—污染去除”的净水功能。公园净水系统示意如图 5-47 所示，净水系统生态净化示意如图 5-48 所示。场地水质指标如表 5-3 所示。

需要说明的是，为了避免公园外生态城南部汇水区污染较严重的初期雨水径流直排入公园海绵系统，加重公园水体净化负荷，带来水体富营养化隐患，项目在公园停车场下设置了初期雨水径流调蓄池。有研究表明，一场降雨中前 25%（体积分数）雨水径流中 TSS

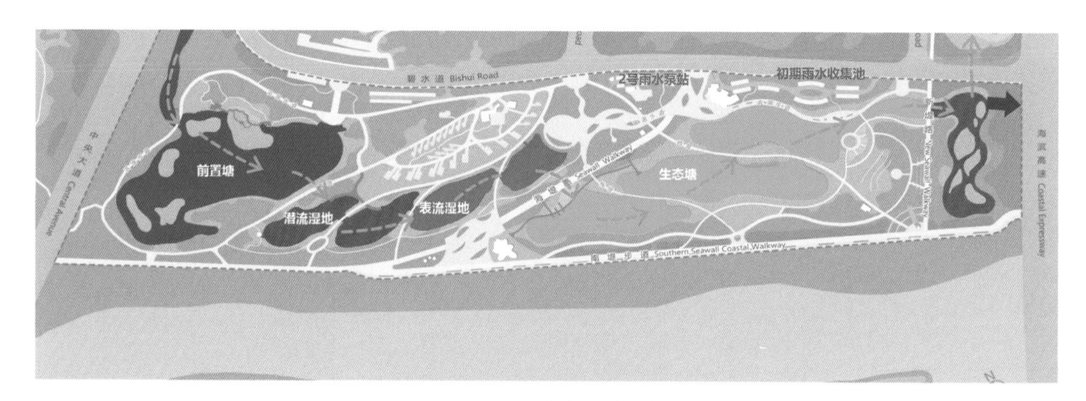

图5–47 公园净水系统示意

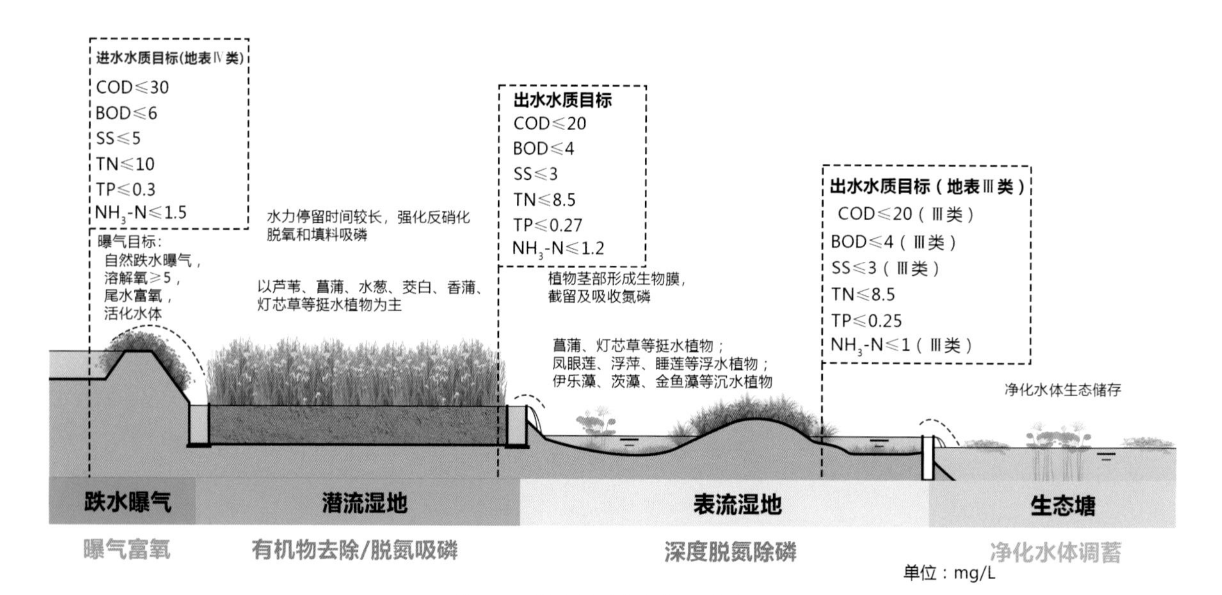

图5–48 净水系统生态净化示意

表5-3 场地水质指标

项目	指标	中文名称	数据	单位
进水水质目标（3次测量平均值）	COD	化学需氧量	≤ 30	mg/L
	BOD	生化需氧量	≤ 6	mg/L
	SS	悬浮物	≤ 5	mg/L
	TN	总氮量	≤ 10	mg/L
	TP	总磷量	≤ 0.3	mg/L
	NH_3-N	氨氮含量指标	≤ 1.5	mg/L
出水水质目标（3次测量平均值）	COD	化学需氧量	≤ 20	mg/L
	BOD	生化需氧量	≤ 4	mg/L
	SS	悬浮物	≤ 3	mg/L
	TN	总氮量	≤ 8.5	mg/L
	TP	总磷量	≤ 0.27	mg/L
	NH_3-N	氨氮含量指标	≤ 1.2	mg/L
远期目标水质	COD	化学需氧量	≤ 20（Ⅲ类）	mg/L
	BOD	生化需氧量	≤ 4（Ⅲ类）	mg/L
	SS	悬浮物	≤ 3（Ⅲ类）	mg/L
	TN	总氮量	≤ 7	mg/L
	TP	总磷量	≤ 0.25	mg/L
	NH_3-N	氨氮含量指标	≤ 1（Ⅲ类）	mg/L

污染负荷量占整场降雨地表径流中 TSS 的 40% ～ 44%（质量分数）。结合中新生态城的具体情况，本项目将前 5 min 降雨产生的雨水径流作为初期弃流部分，经过雨水泵站排入初期雨水调蓄池。在初期雨水调蓄池蓄满后，后期雨水径流会直接排入公园雨水湿地中，补充公园景观用水。待雨停后，泵站将池中径流排入城区碧水道现状污水管道中，最终这部分径流经污水管道汇入营城污水处理厂进行集中处理。

5）雨水回用系统

雨水回用分为两个层级：第一层级，被收集的雨水径流汇入雨水湿地、中央湖体，作为景观用水，维持湖体水位，保障水体景观效果；第二层级，以“就近回用”为原则，将雨水湿地、中央湖体中经净化的水体用于绿化灌溉、土壤养护、路面冲洗和清洁作业等，特别是针对本项目场地环境的特殊性，将净化后的雨水用于淡水压盐，防止回填土发生次生盐化现象。

6）排盐系统

根据土壤的水盐移动规律，将传输雨水的沟渠与排盐管排布相结合，将雨水回用系统与洗盐系统相结合。项目根据地形特点及其与水系的高程、位置关系，将地面标高在+4.3 m 以上的平面区域设为盲管排盐区域，在地面标高 +4.3 m 以下的平面区域不设置排盐系统，仅种植强耐盐碱植被。在盲管排盐区域，伴随植物灌溉，土壤盐分通过淋溶层进入排盐支管进行收集后排入排盐干管，最后经雨水传输沟渠排入市政管网。排盐局部平面布置如图 5-49 所示，雨水排水沟与排盐作用关系原理如图 5-50 所示。

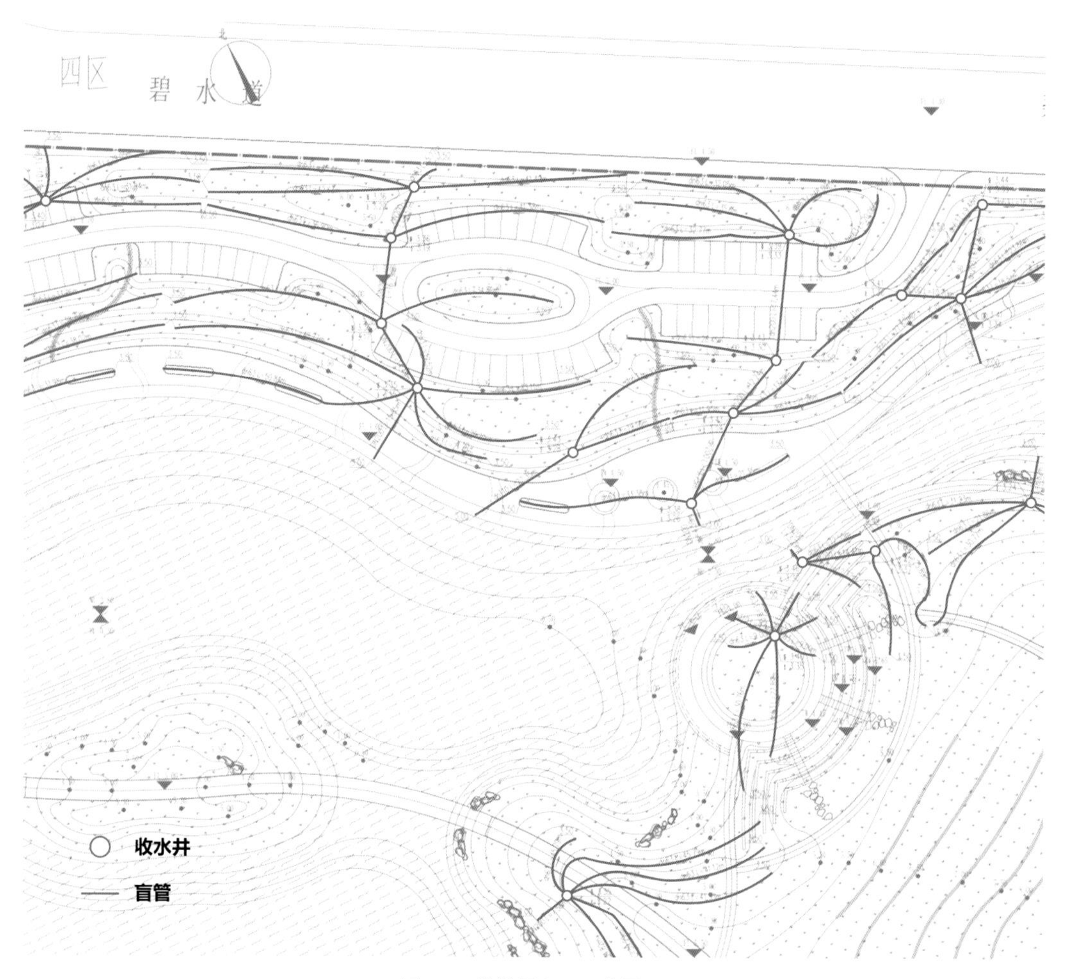

图5-49 排盐局部平面布置

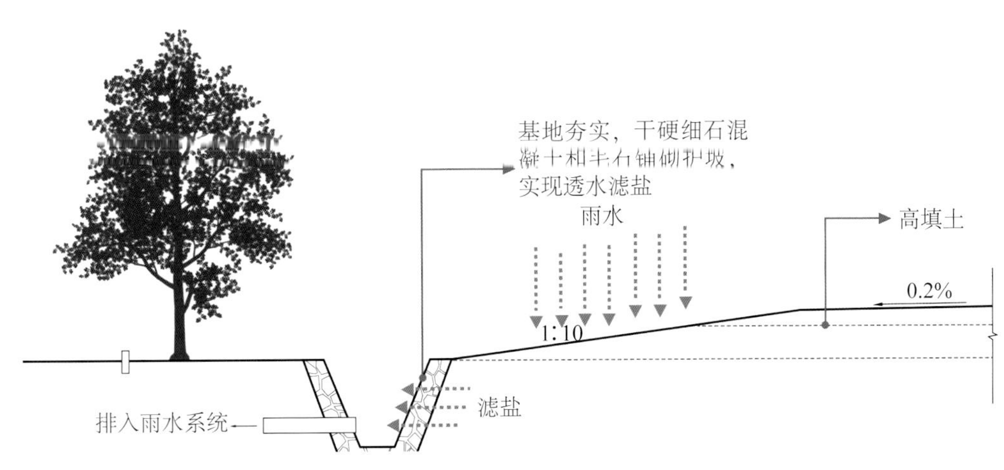

图5-50 雨水排水沟与排盐作用关系原理

5.2.4 公园景观设计

1. 公园设计定位

1）生态定位

（1）城市防洪屏障。公园作为生态城南部循环水系的重要组成部分，承担防汛排涝、雨水管控等功能。

（2）河口湿地保育。场地位于河海交接处，形成了半咸水沼泽、咸水沼泽、草本沼泽和木本沼泽多种生境，是河海生境演替的重要地带。

2）空间定位

（1）河海界面。项目地处永定河与大海的交汇处，是稀缺的河海界面，也是城、人、自然无限亲和的水岸空间。

（2）绿色开放空间。公园是城市绿色活力休闲空间，为市民服务，展现城市生态性、人文性、开放性的景观特色，集中体现生态城滨海特色。

3）功能定位

（1）城市门户形象。公园是市区、开发区由中央大道进入生态城的“第一眼印象”，是整体生态城气质的展现。

（2）健康绿道系统。公园内绿道与生态城整体绿道系统衔接，是城市与海洋界面的复合景观绿道系统，引导游人亲水、近海。

4）文化定位

（1）海洋文化记忆。场地曾是历史上的河口入海处，公园对人与海洋博弈、天津海洋文化等进行了表达。同时，公园中的老海堤始建于20世纪50年代，是天津海岸珍贵的历史文化资源和历史文化遗产，也是生态城珍贵的城市记忆。

（2）天津原生态海岸与人工海岸的演化与创新。公园建设将海岸防护结构与景观做统一考量，在满足安全需求的同时，具备景观性和功能性。

2. 公园整体布局

公园总平面图如图5-51所示。设计构思如图5-52所示，公园规划建设以恢复滨海岸线景观风貌、构建高效城市生态绿核、提升生态体验景观系统、引领生态城“生态乐享”之

图5-51 公园总平面图（组图）

旅为设计重点，践行安全防护、岸线修复、生态复育的理念，对新、老海堤进行综合改造与提升，围绕场地海堤脉络，打造“绿叶方舟”。规划设计人员希望公园如一枚绿叶飘落在渤海湾畔永定洲旁，彰显中新生态城绿色生态的门户形象。场地规划效果图如图 5-53 所示，项目建成后鸟瞰图如图 5-54 和图 5-55 所示。

图5–52 设计构思

图5–53 场地规划效果图

图5-54 项目建成后鸟瞰图（一）（组图）

图5–55 项目建成后鸟瞰图（二）（组图）

根据场地条件，南堤滨海步道公园包含郊野公园区、水域区和滩涂区 3 个部分。水域区和滩涂区以生态复育和防洪防潮为主要功能；而郊野公园区主要为公众提供亲水和健身的活动公共空间，规划有 6 个功能区和 9 个主要景点，公园分区示意如图 5-56 所示，公园景点分布图和效果图如图 5-57 所示，公园视线高点分布示意如图 5-58 所示。

（1）核心游赏区，营造家庭亲子娱乐空间，包括房车基地等景点。

（2）公共活动区，老堤两端作为主要出入口设置公共服务中心，包括童谣步道、童梦乐园、海畔营居等景点。

（3）滨湖休闲区，利用现状水面，运用景观手段打造赏湖景区，包括空间变化多样的观景栈道和海韵广场景点。

（4）微丘花海区，运用地形营造大地景观和良好的背景，包括丘澜亭、乐舞草阶、花影留香等景点。

（5）湿地涵养区，连通水系，涵养水源，营造背景林。

（6）生态公园区，结合已有的良好基底进行整理提升。

公园景点和服务设施兼顾公益性服务和商业运营的可持续性。服务中心和中心驿站为游客提供咨询、休憩、轻餐饮、交通驿站等服务功能。童梦乐园五彩缤纷，深受少年儿童喜爱，成为孩子们的欢乐世界。海畔营居集综合服务、房车营地、亲子露营等功能于一体，满足市民多元化的休闲需求。丘澜亭与草阶舞台已成为天津闻名遐迩的婚纱摄影网红打卡点。童梦乐园如图 5-59 所示，丘澜亭与草阶舞台如图 5-60 所示，露营基地如图 5-61 所示。

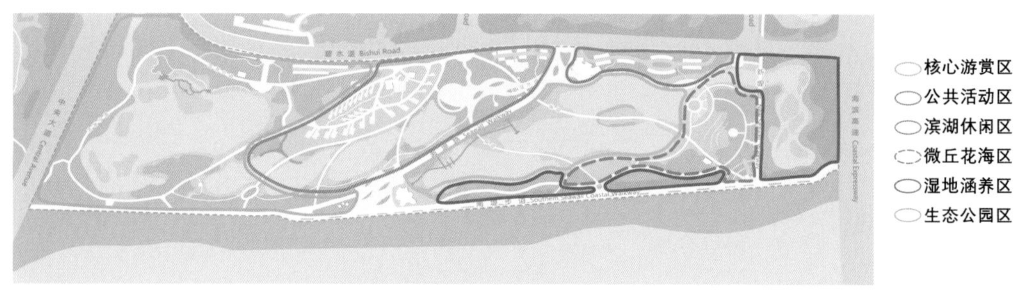

图5–56 公园分区示意

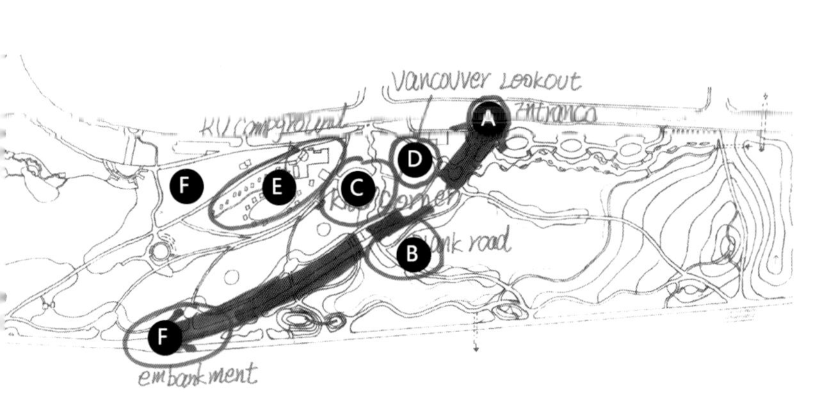

A 主入口效果图

B 观景栈道效果图

童梦乐园效果图

D 童谣步道效果图

E 海畔营居效果图

F 海韵广场效果图

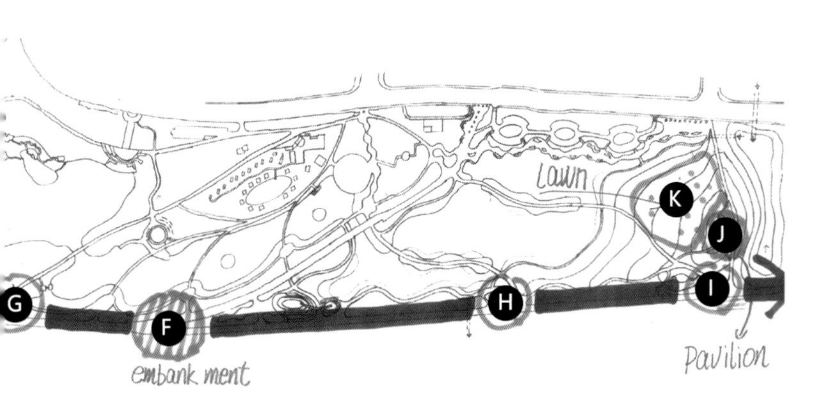

J 丘澜亭效果图

K 乐舞草阶效果图

I 花影留香效果图

图5–57 公园景点分布图和效果图（组图）

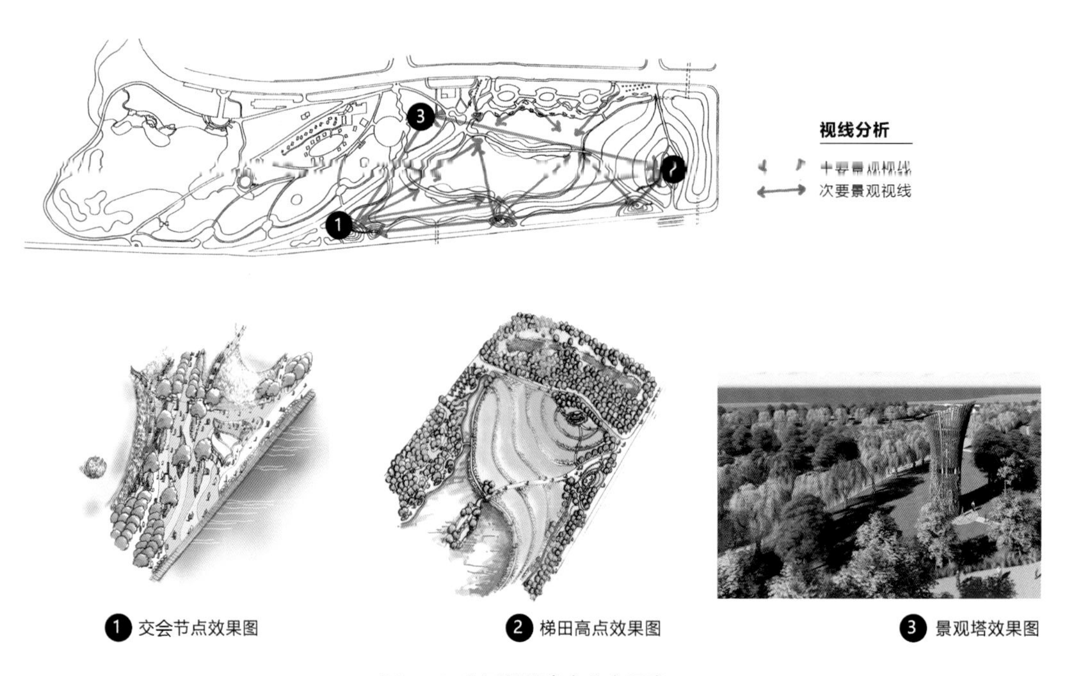

图5-58 公园视线高点分布示意

图5-59 童梦乐园

图5-60 丘澜亭与乐舞草阶（组图）

3. 公园道路系统

公园利用场地现状防潮海堤（即南堤）、老海堤、新海堤共同打造长约 8 km 的健身步道，并向南北、东西方向延伸，与中新生态城南部的绿道体系深度融合。防潮海堤作为公园的主要沿海步道向东连接起整个区域的观海健身主题线路，新海堤向北构成滨海观鸟主题线路，几条步道共同构成便捷丰富的城市绿道慢行系统。公园海堤示意如图 5-62 所示。

南堤在尊重堤岸工程结构的基础上，对堤顶路面进行改造和提升，将具有单一防潮功能的海堤拓展为城市休闲绿道和亲水景观空间。老海堤在保留原始路线和主体结构的基础上，充分利用海堤的线性特点，改造提升为公园绿道，串联景观节点，将海堤文化的历史脉络有机融入公园建设中。

图5-61 露营基地

图5-62 公园海堤示意

南堤滨海步道原始断面图如图 5-63 所示，设计断面如图 5-64 所示。南堤滨海步道原始情况与现状实景对比如图 5-65 所示，老海堤原始情况与现状实景对比如图 5-66 所示。

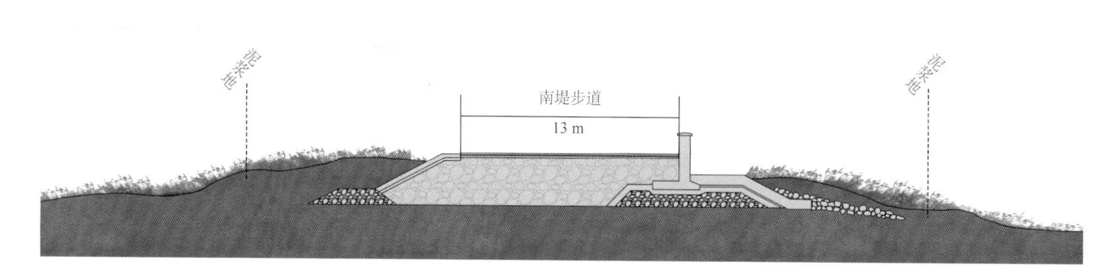

图5-63 南堤滨海步道原始断面图

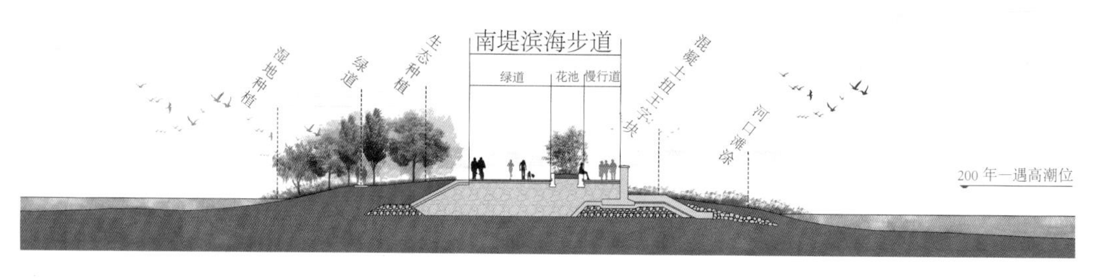

图5-64 南堤滨海步道设计断面图

图5-65 南堤滨海步道原始情况与现状实景对比

图5-66 老海堤原始情况与现状实景对比

4. 郊野公园内驳岸设计

园内大规模采用生态驳岸，并根据功能分区、景观氛围以及防洪需求的差异选择不同的驳岸形式，包括双木桩驳岸、卵石驳岸、石笼驳岸、岛屿驳岸、绿地缓坡驳岸等。同时，结合不同水位环境，注重滨水消落带的生态营造，使其不仅可缓冲、净化地表径流，还能通过营建适应水位消落的乡土植物群落，结合陆生植物、水陆两栖植物、水生植物及置石的合理搭配，打破水陆界限，将陆域和水域打造成一个小型生态系统，为各类生物提供多样化的栖息环境，增加生物多样性。双木桩驳岸断面详图如图 5-67 所示，草坡入水驳岸断面详图如图 5-68 所示，卵石驳岸断面详图如图 5-69 所示，石笼驳岸断面详图如图 5-70 所示。

5. 滩涂区生态修复设计

1）调整岸线，改善水动力条件

本项目基于“自然做功”的设计思路，模拟河口自然形态，对南部滩涂东侧现状阻水的直角矩形区域实施阻水直角消除工程，去直变弯，对临水侧边坡进行修整，塑造自然流

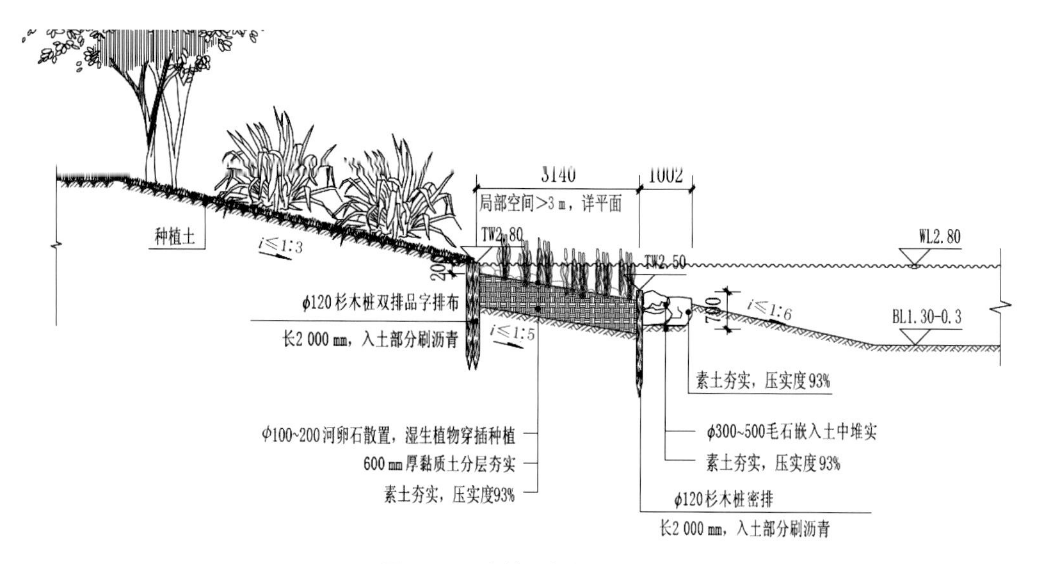

图5-67 双木桩驳岸断面详图

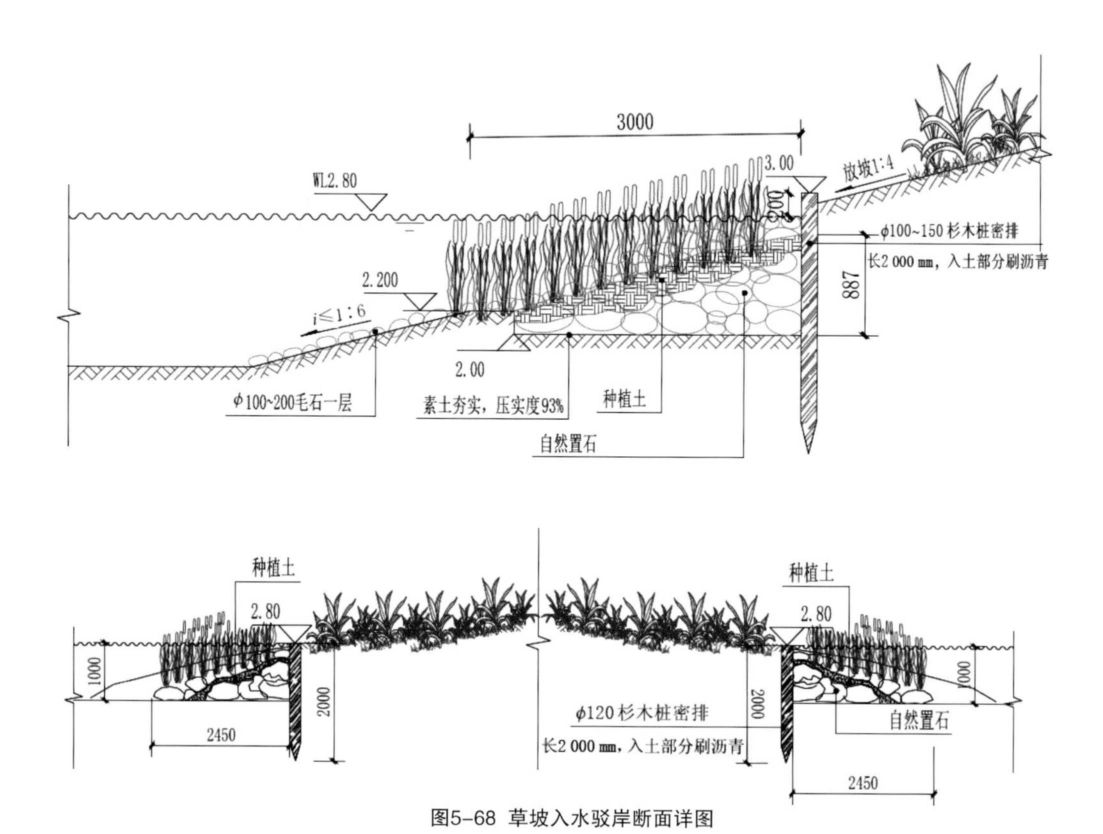

图5-68 草坡入水驳岸断面详图

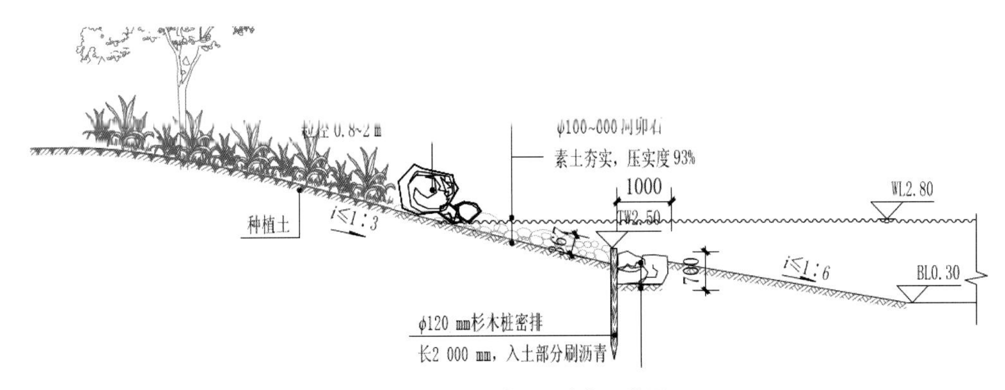

图5-69 卵石驳岸断面详图

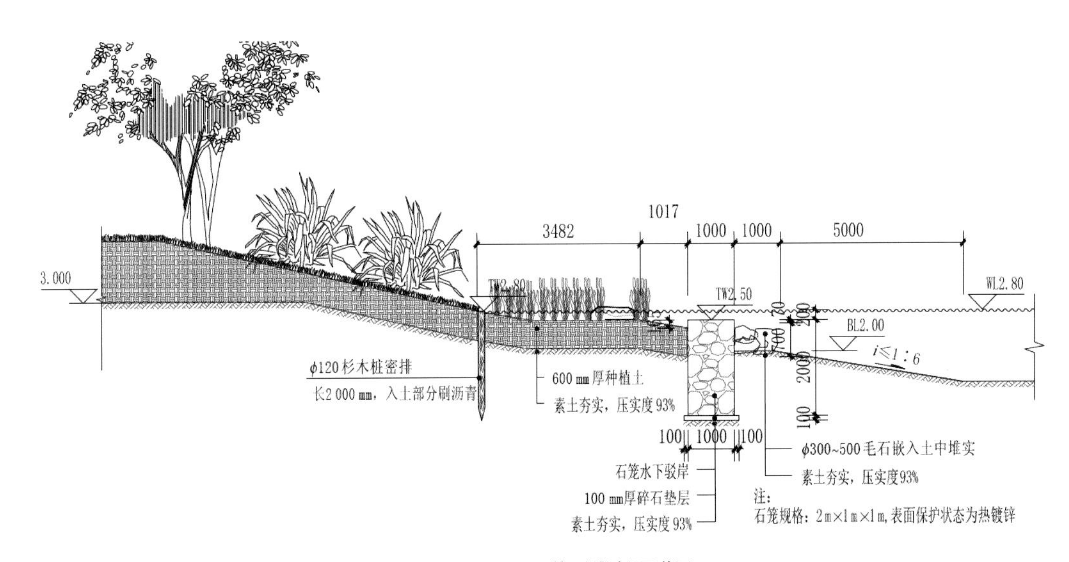

图5-70 石笼驳岸断面详图

线形岸线（图 5-71）。消除工程产生的土方用于滩涂区南低北高地形的塑造。该地形成为防洪防潮的第一道屏障。

2）整理荒废滩涂、促进生态恢复

本项目以“宜绿则绿，宜滩则滩”为原则整理滩地。在现状地形较高的区域适当栽植滨海盐生灌丛，如柽柳、碱蓬等；保留现状坑塘洼地，利用滨海盐生植物进行生态复育，营造滩涂区域多样的湿生环境，包括滨海灌丛、盐生滩涂等。待生境稳定后，伴随潮涨潮落，留存有海洋生物的滩涂区会吸引部分留鸟和过境鸟栖息。荒废滩涂的整理如图 5-72 所示；修复后，不同水位下荒废滩涂的生境类型如图 5-73 所示。

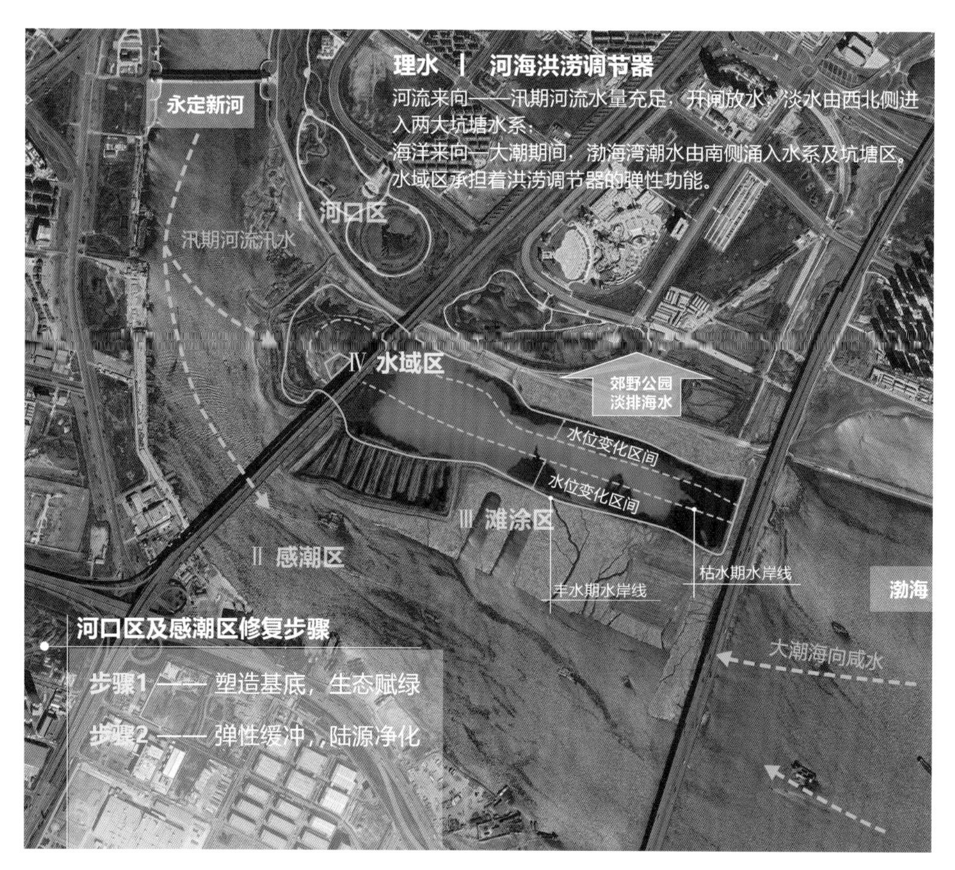

图5-71 调整岸线，改善水动力条件

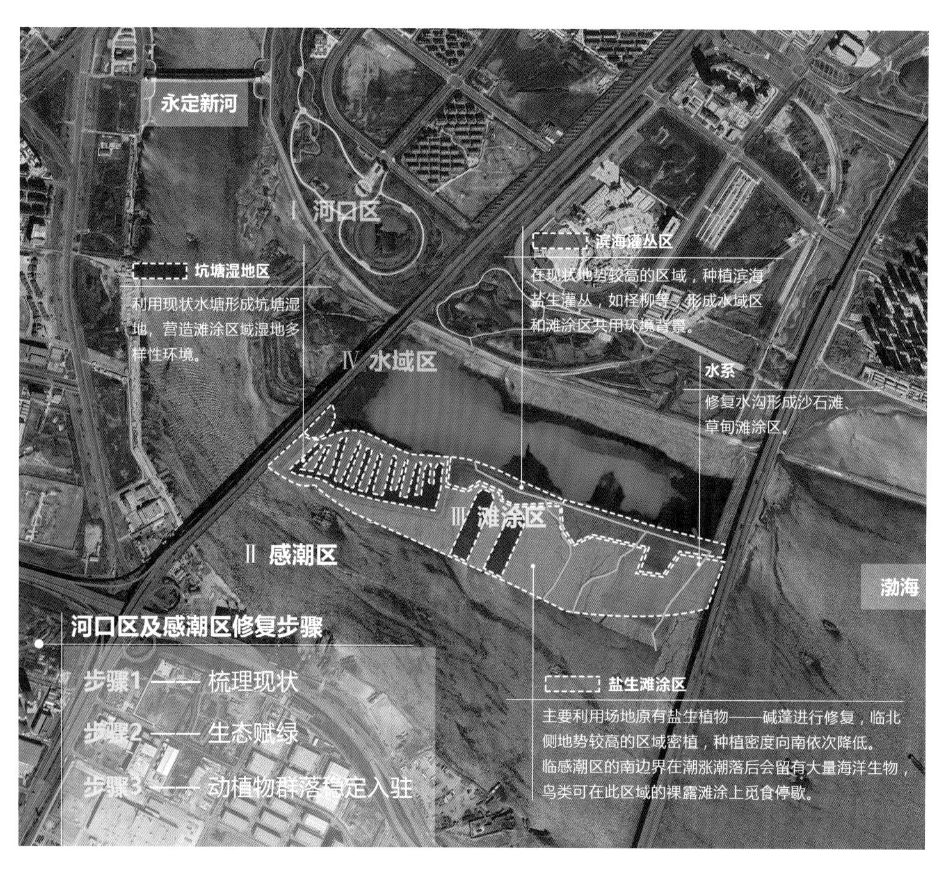

图5-72 荒废滩涂的整理

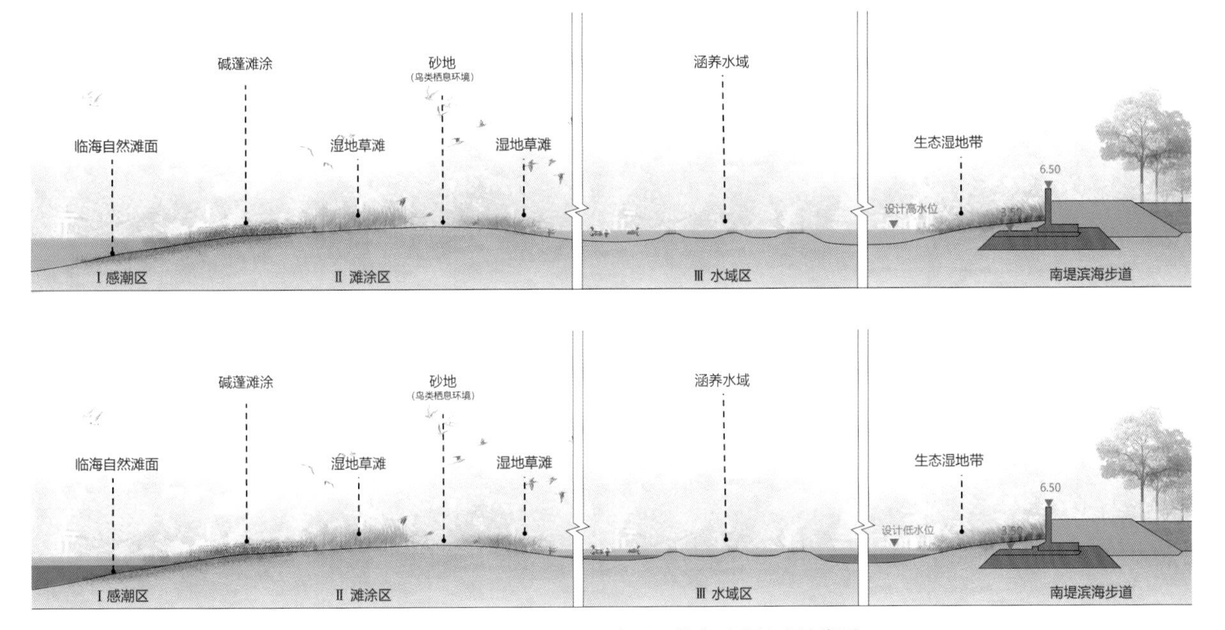

图5–73 修复后，不同水位下荒废滩涂的生境类型

3）净化陆源淡水

本项目充分利用南堤滨海步道公园收集、净化的雨水，进行滩涂区的洗盐处理，并配合地形处理，加速生境恢复。陆源淡水净化原理和方式如图 5-74 所示。

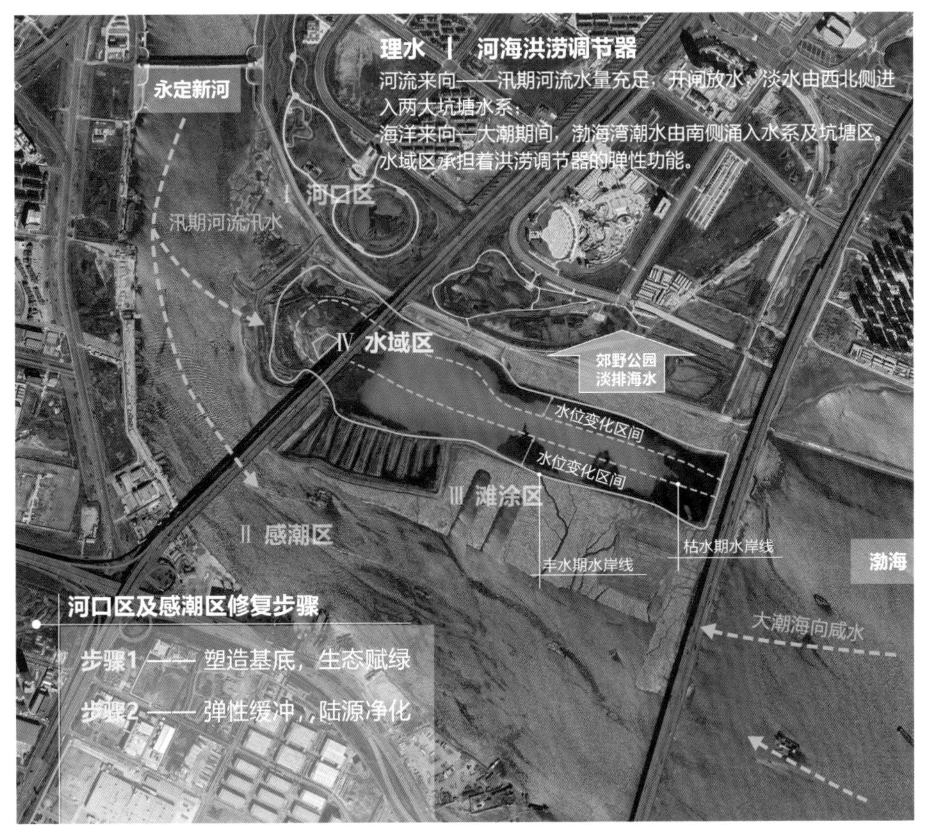

图5–74 陆源淡水净化原理和方式

6. 植物种植

根据场地的自然地理条件、景观特点，郊野公园区域采用乔木、灌木、地被复层的植物配置，在满足生态效益的同时，创造丰富的林带空间和滨水景观。通过种植一些适合在本地生存的耐盐碱植物，并制定相应的物理或生物改良方案，改善土壤结构，增加土壤有机质，加强土壤涵水能力。对于耐盐碱性稍差的景观植物，通过局部抬高地形、增加种植土厚度，保证良好的排水性。郊野公园区域植物种植分区如图 5-75 所示。

1）核心游赏区

堤岸两侧尊重现状植被，结合堤岸空间稍做梳理；利用植物营造开合有致的空间，并营造特色花堤、湿地、生态林地等多种空间。堤岸林地主要植物包括垂柳、白蜡、国槐、海棠、碧桃。堤岸湿地主要植物包括马蔺、大花萱草、盐地碱蓬、千屈菜、芦苇。核心游赏区现状及所用植物如图 5-76 所示。

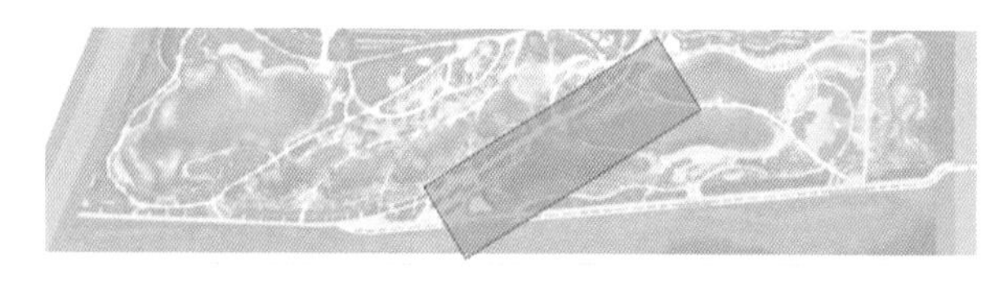

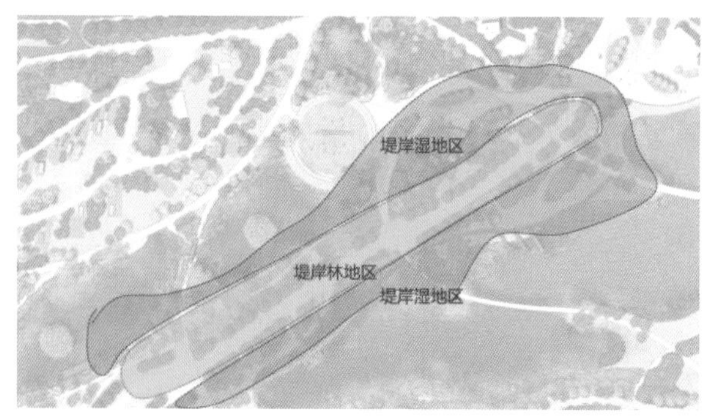

- 核心游赏区，尊重现状植被，结合堤岸利用植物营造开合有致的空间及特色绿堤。
- 观光海堤区，新老堤交会节点处配置色叶植物烘托节点空间，海堤两侧形成疏林与湿地相结合的绿带空间。
- 滨湖休闲区，利用滨水空间种植滨水植物，营造具有趣味的滨水湿地景观。
- 叠丘草阶区，结合地形设计，通过乔木与地被的通透式配置形式，创建大气简洁的大地景观效果。
- 湿地涵养区，生态林带与湿地植物相融合，形成纯净自然的湿地景观。
- 房车营地区，通过乔木、灌木、地被复层的植物配置营造丰富的林带空间和滨水景观。
- 生态基底区，结合已有的良好植物基底进行提升，丰富种植层次及植物的季相色彩变化。

图5-75 郊野公园区域植物种植分区

图5-76 核心游赏区现状及所用植物

2）观光海堤区

海堤沿岸结合现状杨树，新增其他乔木品种，如馒头柳、国槐、千头椿等，丰富堤岸的林冠线。林下增加地被花卉品种，丰富四季沿岸色彩。观光海堤主要植物包括馒头柳、国槐、千头椿、金鸡菊、波斯菊、松果菊、芦苇、菖蒲。交会节点主要植物包括国槐、白蜡、碧桃、芦竹、碱地玫瑰。观光海堤区建成效果图及部分植物图片如图 5-77 所示。

图5–77 观光海堤区建成效果图及部分植物图片

3）滨湖休闲区

滨湖休闲区主要营造湿地风貌景观，植物以耐盐碱的乡土水生植物为主，点植乔木和花灌木，如白蜡、泡桐、千头椿、金银木、黄杨、柽柳等，形成滨湖特色湿地景观。观景栈道两侧主要植物包括芦苇、芦竹、水葱、香蒲、菖蒲。滨湖中心主要植物包括柽柳、碱地蒲公英、盐地碱蓬、地肤、荻。滨湖休闲区建成效果图及部分植物图片如图 5-78 所示。

图5–78 滨湖休闲区建成效果图及部分植物图片

4）叠丘草阶区

结合地形设计，通过乔木与地被的通透式配置形式，创建大气简洁的大地景观效果。叠丘草阶区主要植物包括高羊茅、黑麦草 / 蓝花鼠尾草、萱草、波斯菊、八宝景天。疏林种植区主要植物包括皂荚、泡桐、栾树。叠丘草阶区建成效果图及部分植物图片如图 5-79 所示。

图5–79 叠丘草阶区建成效果图及部分植物图片

5）湿地涵养区

生态林带与湿地植物相结合，形成纯净自然的湿地景观。林带涵养区主要植物包括刺槐、旱柳、紫穗槐、柽柳。湿地涵养区主要植物包括沙蒿、盐地碱蓬、斜茎黄芪、芦苇、大米草、地肤。湿地涵养区建成效果图及部分植物图片如图 5-80 所示。

图5–80 湿地涵养区建成效果图及部分植物图片

6）房车营地区

临主园路的一侧种植乔木、低矮地被形成通透式空间，户外营地区采用灌、草复层式种植，营造围合感强的半私密空间。童梦乐园结合现状林地提升形成的疏影密林亲水平台种植耐水湿的植物，如柳树、国槐及水生植物，形成向心的聚合感空间。房车营地区主要植物包括白蜡、紫花泡桐、馒头柳、柿、石榴、金鸡菊。宿营地主要植物包括垂柳、菖蒲、水葱、香蒲。芦苇岛区主要植物为芦苇。童梦乐园区主要植物包括梓树、碧桃、红果海棠、狼尾草、碱地蒲公英。房车营地区建成效果图及部分植物图片如图 5-81 所示。

图5–81 房车营地区建成效果图及部分植物图片

7）生态基底区

生态基底区结合已有的良好植物基底进行提升，丰富种植层次及植物的季相色彩变化。生态岛区主要植物包括垂柳、国槐、白蜡、水葱、菖蒲、芦竹、香蒲、荇菜。背景林带区主要植物包括白蜡、国槐、馒头柳、金叶榆、红花洋槐、紫花苜蓿。广场区主要植物包括泡桐、白蜡、国槐。生态基底区建成效果图及部分植物图片如图 5-82 所示。

图5-82 生态基底区建成效果图及部分植物图片

5.3 城市海绵湿地公园规划设计案例——天津空港经济区海绵湿地公园

天津空港经济区海绵湿地公园情况见表 5-4。

表5-4 天津空港经济区海绵湿地公园情况

地点	天津市空港经济区
核心设计理念	针对空港经济区河湖水系整体水动力不足、面源污染严重的问题，规划设计两处雨水净化湿地，以实现区内河网水系的贯通，同时保障地表水体水质
设计及建设时间	2012—2013年
降水情况	年均降水量少于 600 mm
设计单位	天津大学城市规划设计研究院、天津大学
设计人员	曹磊、 杨冬冬、代喆等
净水技术设计人员	黄津辉

5.3.1 区域概况

1. 地理位置

项目所在地——天津空港经济区位于华北平原东北部、海河流域下游、天津滨海国际机场东北侧天津市空港物流加工区内，属天津市东丽区，规划面积 42 km^2，以航空制造、电子信息和精密机械等为特色，是距离市区最近的经济功能区。其西、南侧隔京津塘高速与滨海国际机场、空中客车（天津）总装有限公司及其配套服务区相连；北侧与华明新镇、东丽湖组团相接；东侧与高新技术产业区相邻。这里聚集了较多的世界 500 强高端装备制造企业和生产性服务企业。

2. 地形地貌

天津空港经济区用地由海退成陆，属于海积 - 冲积平原地貌，地势广袤低平，海拔在 1 ～ 3 m，由西向东微微倾斜，地面坡降为 1/5 000 左右。地面组成物质以黏土和沙质黏土为主。本区地处黄骅坳陷与沧县隆起的结合部位。北东向的沧东断裂纵贯全区，根据区域地质资料和地震勘探成果，沧东断裂最新活动在中更新世晚期至晚更新世早期，潜在地震危险性不大。

本区浅层地下水主要为潜水和微承压水，地下水位埋深在 1.3 ～ 1.5 m，无区域稳定的地下水流场。深层地下水为淡水，为本区可利用的地下淡水资源，目前第四含水组水位埋深已达 85 m 以下。目前年最大地面沉降量为 54 mm，一般为 20 ～ 30 mm。产生地面沉降的主要原因为地下水开采，次要原因为欠固结软土的固结沉降。

3. 气象气候

天津空港经济区属暖温带半湿润大陆性季风气候区，春季干旱多风，夏季温度高、湿度大，秋季天高云淡，冬季寒冷干燥。年平均降雨量少于 600 mm，其中 75% 的降雨集中在夏季，年平均蒸发量为 1 805.9 mm。

4. 水文

（1）地表水。区域周边二级河道包括西减河、袁家河、新地河、排成河、北塘排污河，枯水期河道水量不足，水质较差，各河道水质标准均为《地表水环境质量标准》（GB 3838—2002）中的劣 V 类标准。雨后河道水质恶化现象十分明显。散布区内的若干坑塘、洼地亦未得到妥善利用，多因发展建设需求遭填埋。

（2）地下水。浅层地下水主要为潜水和微承压水，受气候特征影响。该地区的地下水补给主要受垂直运动控制，其补给来源是大气降水、地表水和灌溉水的渗入。水位埋深在 1 ～ 2 m，水位随季节不同略有变化。

5. 水资源

（1）自来水。区域现状自来水供水来源是新开河水厂，其源水为引滦水。供水能力为 5 万 m^3/d。

（2）再生水。在天津空港物流加工区，污水处理厂内已建成 5 万 m^3/d 的再生水处理工程，出水水质均满足《城市污水再生利用 景观环境用水水质》(GB/T 18921—2019) 观赏性湖泊类水质标准。

（3）雨水。区域内沿河道建成两座雨水泵站。雨水管网收集的雨水通过泵站进入河道。2006 年降水地表径流可利用量为 217.78 万 m^3，2007 年降水地表径流可利用量为 330.84 万 m^3。

6. 绿地

区内绿地形式较为单一，以人工草地为主，生态服务功能较少，生物多样性欠佳，且浇灌、养护用水量很大。

5.3.2 区域海绵建设面临的问题

1. 面源污染严重

作为典型的工业园区，天津市空港经济区降雨后雨水径流裹挟着园区地表污染物经雨水管网进入河道，面源污染对河道水质造成严重威胁。

2. 河湖水系整体水动力不足

区内河湖及坑塘水体连通度差，枯水期河道水位很低，地表水水动力严重不足，河流生态脆弱、动植物多样性欠佳。

3. 雨水资源化利用率低

受“少雨但降雨集中”的降雨特点影响，雨季雨水外排现象严重，雨水资源化利用率低，经济区对地下水、自来水的依赖度极高。

5.3.3 海绵系统运作模式

针对天津市空港经济区面源污染严重、河湖水系整体水动力不足以及雨水资源化利用率低的问题，设计团队以渠状河道串联雨水净化湿地（环河北路湿地和西四道湿地）的方式构建区内水系统动态循环路径，同时发挥湿地削减入河污染负荷、扩大区内水体雨洪调蓄容积的作用，形成了以区内水环境改善为首要目标的海绵骨架系统。天津空港经济区整个海绵系统涵盖城区、街区和社区 3 个尺度。空港经济区海绵系统构建如图 5-83 所示。

（1）城区尺度。通过水体连通工程、雨水泵站工程以及人工湿地规划建设形成南、北两侧两个并联的水循环系统。雨水泵站将雨水抽送至湿地，雨水经生态净化补充到河湖水体中，保障景观水体水量、水质及水动力。

（2）街区尺度。规划设计了环河北路湿地和西四道湿地两个人工雨水净化湿地。两个

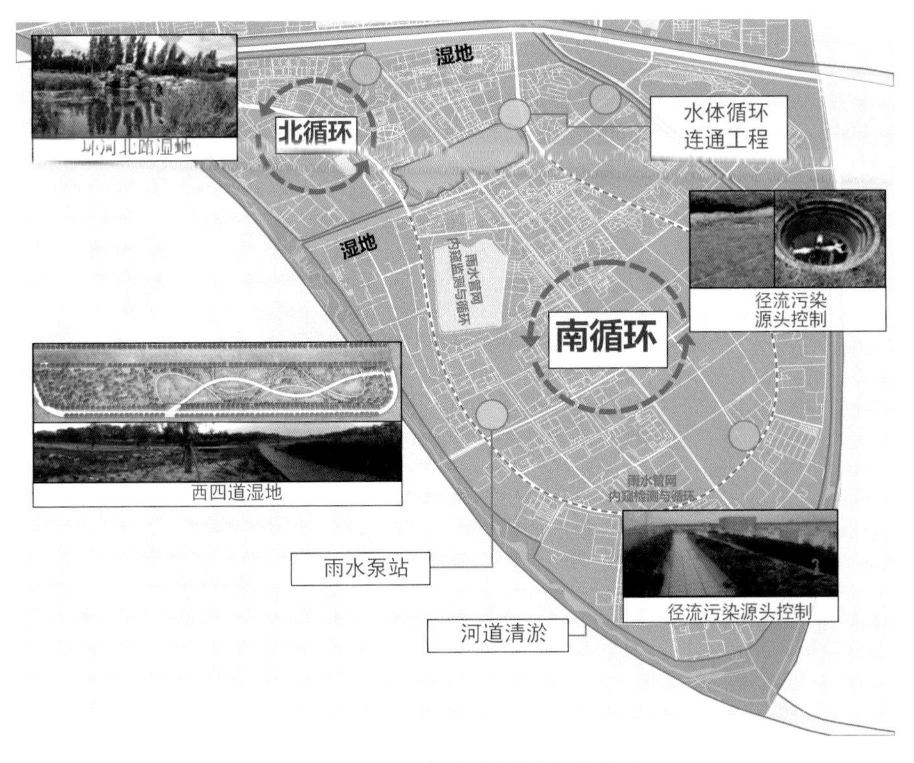

图5–83 空港经济区海绵系统构建

湿地以点状形式串联于渠状河道上。其中，环河北路湿地位于雨水泵站出口不远处绿地内，以对进入景观水体的雨水进行预处理，保障景观水体整体观感；而西四道湿地位于空港经济区中心湖体上游、区内北侧水循环系统与南侧水循环系统的交汇处，为中心湖体提供水源并保障汇入水质，也因此采用了潜流人工湿地的设计工艺，以确保景观湖体水质达到地表Ⅳ类水体标准。

（3）社区尺度。考虑到工业区面源污染多会存在较高浓度的有机污染物，故未全面增建低影响开发设施，仅在距厂房较远的商业区、公共服务设施区增建了低影响开发设施。

5.3.4 雨水净化湿地公园设计方案

1. 环河北路雨水净化湿地公园设计方案

1）功能布局及设施设计

环河北路雨水净化湿地位于环河北路绿化带内，与区内袁家河相连，总面积为 2.65 km^2，平均宽度约为 50 m。该湿地承接雨水泵站排入的雨水及区内污水处理厂 1 级 A 标准出水，采用“物理循环法 + 生态水处理”模式净化来水，即“动力循环 + 功能瀑布 + 沉淀前池 + 深浅池组合湿地 + 尾部充氧”生态组合处理系统。该人工湿地主功能区分为 A ～ D 4 个区，各区设计简述如下。

（1）跌水假山区 (A 区)。考虑到湿地入水需具有充足的水头，在入水口处设置小型假山一座。假山顶部设有过滤器，来水经初步过滤后于假山顶部流下，经多级跌水达到曝气与均匀布水的目的。此外，这个位于入口处的跌水假山还具有较为重要的景观功能。其由黄石堆就而成，效仿自然山水，高 5 m，是该人工湿地的制高点。

（2）沉淀前池 (B 区)。假山下游是由鹅卵石围堰围合成的沉淀前池。沉淀前池位于人工湿地入口处，其容积与待沉淀颗粒的粒径直接相关。一般而言，沉淀前池的面积不超过整个湿地面积的 1/5，水深大于 1 m，以避免已沉淀颗粒二次悬浮。其通过增加过水面积，降低流速，促进水中大颗粒固体悬浮物的沉淀，起到过滤作用，避免沉淀物随水流进入下游淤塞处理区，增加日后人工湿地管理维护的难度；另一方面，对来水进行均匀调配，保证水流分布均匀地进入下游处理区，为处理区净化效力的有效发挥做准备。

由于围堰左右两侧水深和流速不同，种植的水生植物也有所不同。沉淀池内以浮水植物为主，而围堰下游则主要种植挺水植物，两类植物高低对比丰富了湿地景观的竖向变化，营造出不同的观景氛围。

（3）深浅池组合湿地处理区 (C 区)。沉淀池下游为湿地主要水质净化区，采用两级“浅池 + 深池”组合净化模式。浅池中种植芦苇、菖蒲，构建表面流型湿地，通过增加溶解氧，加快有机污染物的降解速度，使 BOD、COD 含量大幅降低。而深池内则铺细沙和碎石，塑造渗透型湿地环境。渗透型人工湿地可提供厌氧环境，以利用硝化作用、反硝化作用将氮、磷转化为铵离子、硝酸根离子以及磷酸根离子等无机盐形式，促进植物吸收或生成沉淀。可见，“浅池 + 深池”的交替净化模式不仅有利于借助深浅池间的垄降低流速，延长水流在湿地内的滞留时间，而且可以塑造好氧环境与厌氧环境交替出现的湿地模式，提升水质净化效果。

（4）尾端净化处理区 (D 区)。在湿地尾端净化处理区内，设置堆石跌水一座，喷泉 10 对，在增加溶解氧强化净化功能的同时提升水流动势能，促进湿地与外围水环境间的交流和循环。另外，由于该区域内水质已完全满足景观水要求，喷泉与跌水的设计可与亲水平台形成极佳的对景关系，吸引游人驻足观景。

2）湿地景观设计

（1）湿地岸线设计。湿地内水流路径越长，净化功效发挥得越充分，因此人工湿地岸线多采用自然流线型。本方案在湿地处理区的两个浅池中增设两组导流丁坝，通过延长水流路径，增加湿地内水流滞留时间，降低流速，达到增强净化功效的目的。丁坝两侧可种植芦苇、水葱等挺水植物，利用芦苇根部的吸收、呼吸作用以及微生物的分解作用，去除水中大部分有机质及 BOD、COD。而丁坝上，可根据其面积适当种植小型乔灌木，不仅有助于预防水土流失，更重要的是可以加强湿地岸线变化，丰富绿化层次，增加审美情趣。需要强调的是，导流丁坝的选址和形式需认真考量，避免局部形成死水区。

（2）场地、道路及小品设计。随着自东向西水质不断改善，人工湿地的净化功能不断弱化，景观功能逐渐凸显。按照游人观景方式的不同，场地自东向西可分为远观区、近观区和参与区。远观区位于人工湿地初段深池南岸，由于此处来水仅经过沉淀前池初步过滤沉淀，水质标准较低，因此设计时需保证游人与水岸间有一定距离。一方面避免游人活动对湿地初段处理功效的不良影响，另一方面保证游人观景的安全和舒适度。因此，在该区段不设观景平台，仅以廊道形式满足游人的观景要求。游线安排为直线，以缩短游人在该区段的停留时间。在近水端设置水质监测点和水样提取点。近观区位于二段深池南岸，此处水质已有很大提高。该区段沿水岸由近到远分三级布设栈桥，在疏导人流、丰富游线层次的同时，局部满足亲水要求。在该区段主要观景平台及部分步道上设置湿地处理工艺展示牌、水生植物特性介绍栏等，在满足游人驻足观景需求的同时兼具生态教育宣传功能。参与区位于人工湿地出口深池南岸，此处池水已达到国家景观水标准，因此该区段的景观设计着重体现“乐水”的景观主题，多方面满足游人亲水的需求。其依靠观景平台的高差设计满足多样的观景感受：在低处，采用自然驳岸形式提供丰富的亲水方式；在高处，亭台与不远处的跌水和喷泉水景形成极佳的对景关系，丰富视听感受。

（3）湿地植物设计。从功能角度考虑，在沉淀前池中种植茎叶类发达的植物，以阻挡水流、促进泥沙沉降；在湿地处理区集中种植根系发达的水生植物，以溶解并吸收营养物质，将有机物矿质化；在出口深池附近种植大面积沉水植物，以对调蓄的雨水做最后净化，并向鱼类提供丰富饵料，全面发挥湿地生态系统的经济效益。从生态角度考虑，岸上乔木、灌木、花卉、地被植物交互组合种植，以形成陆上生态系统相对稳定的混交植被。水生植物区则根据不同水力条件种植不同植物。沉水植物带分布在水深大于 0.5 m 的中央深水区，主要种植黑藻、穗状狐尾藻和竹叶眼子菜。浮水植物带外侧与挺水植物带相接，内侧一直延伸到湿地中心，配置睡莲、芡实和荇菜。挺水植物带分布于靠近两岸及浮岛边缘的区域，可自岸边向中心水域延伸 4 ～ 6 m，水深 0 ～ 0.5 m，配置水葱、香蒲、菖蒲、千屈菜、芦苇和莲等植物。草本植物多布置于水岸边缘，主要选用红蓼、芍药及桔梗等。从景观角度考虑，植物配置对于湿地景观空间层次、色彩丰度、观景视线的塑造有直接影响。本案例中，湿地最外围成排种植速生树种塑造竖向界面，作为湿地景观的基底背景，既可隔离外围干扰又可界定空间，强化场地感。紧临外围速生植物带的是由小型乔、灌木组成的绿化群，采用点状、丛状种植方式。

这个片区的植物配置强调以下 3 个方面。

（1）强调植物与水岸景观的呼应，着重考虑水中倒影与真实植物间的层次关系。

（2）强调湿地次级空间的塑造，结合岸线塑造张弛有度的景观空间变化序列。

（3）强调植物色彩的配置。开花植物的花季及色彩对整体景观色彩的丰度及四季景观的变化影响突出。近岸草本植物带和水生植物带的绿化设计在满足植物生长适宜性的基础上依据由密渐疏、由高渐低、由规则渐自然的原则配置，以保证近水空间的层次感及观景视线的畅通。

2. 西四道雨水净化湿地公园设计方案

1）功能布局及设施设计

西四道雨水净化湿地位于西四道南侧绿化带内，以北为水渠，以南为空港经济区中心湖景，保税路将该地块一分为二，占地面积为29 380 m^2，平均宽度约为50 m。该湿地采用“垂直潜流湿地 + 表流人工湿地”的模式对汇入的地表雨水径流、雨水管出流、河水进行强化净化，以保障区内最大人工景观湖水质标准。该湿地共包括7个潜流湿地净水单元和2个表流湿地净水单元。该湿地施工详图如图5-84和图5-85所示。公园湿地分区功能设计如图5-86所示，公园湿地分区工程细节设计如图5-87所示。西四道、东四道断面图如图5-88所示。

（1）垂直潜流湿地。其位于道路两侧，利于检修。潜流湿地单元剖面图如图5-89所示，潜流湿地放大单元示意如图5-90所示。

（2）表流人工湿地。其位于由潜流湿地单位包围的中心区域，减少了外界对表流湿地

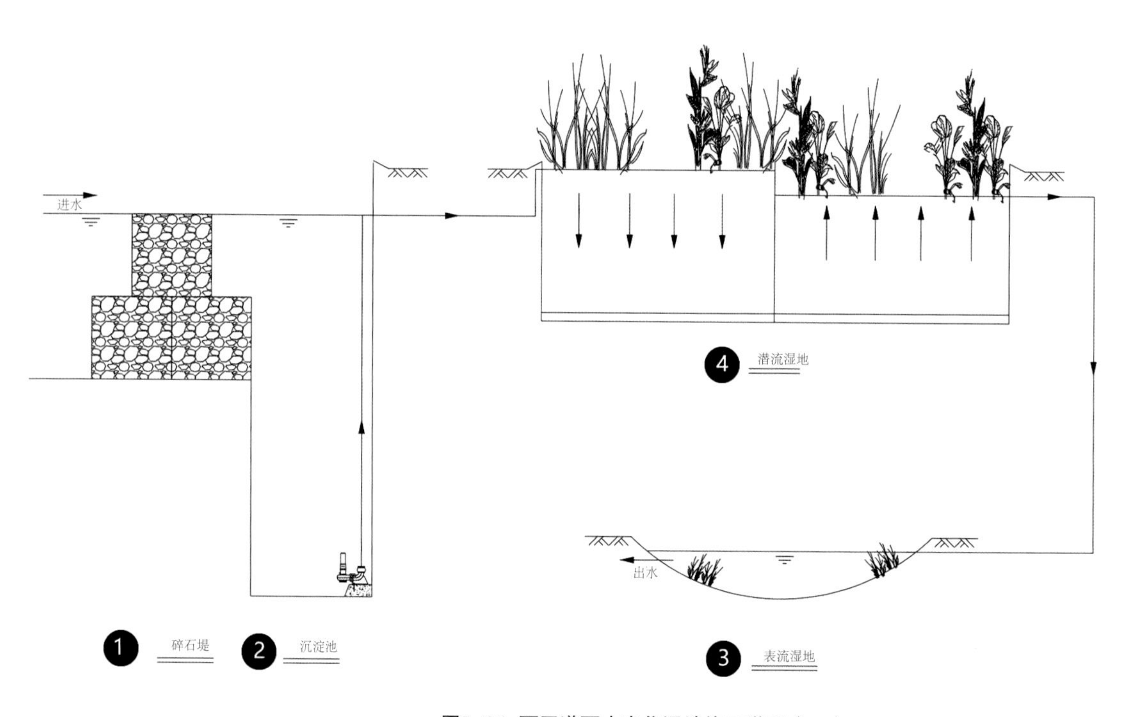

图5-84 西四道雨水净化湿地施工详图（一）

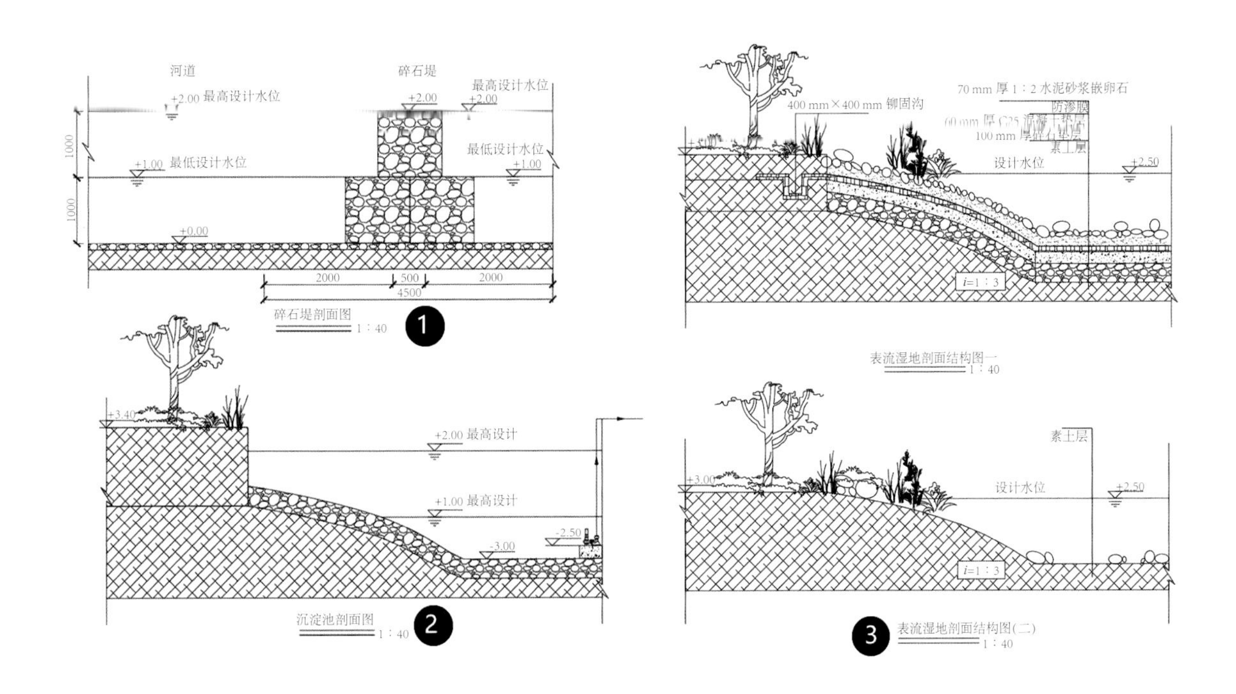

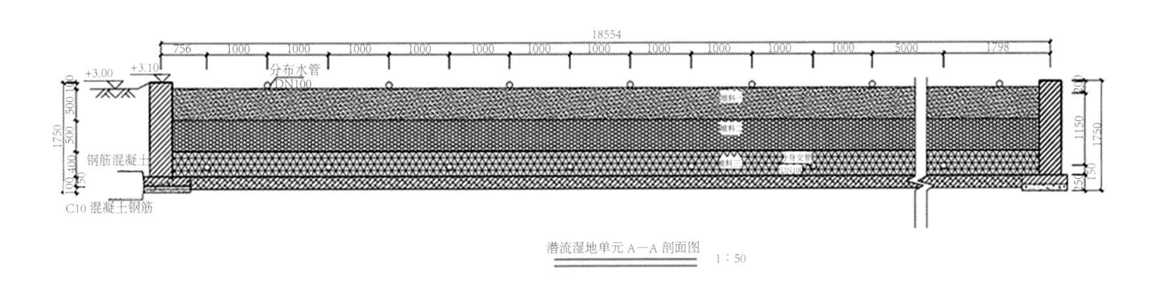

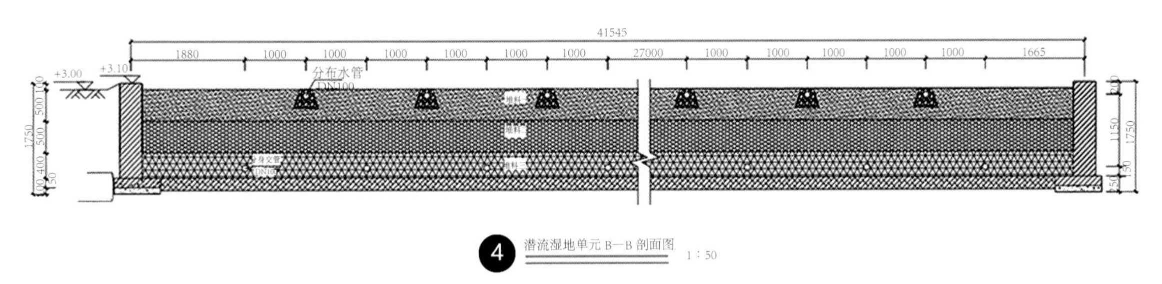

图5–85 西四道雨水净化湿地施工详图（二）（组图）

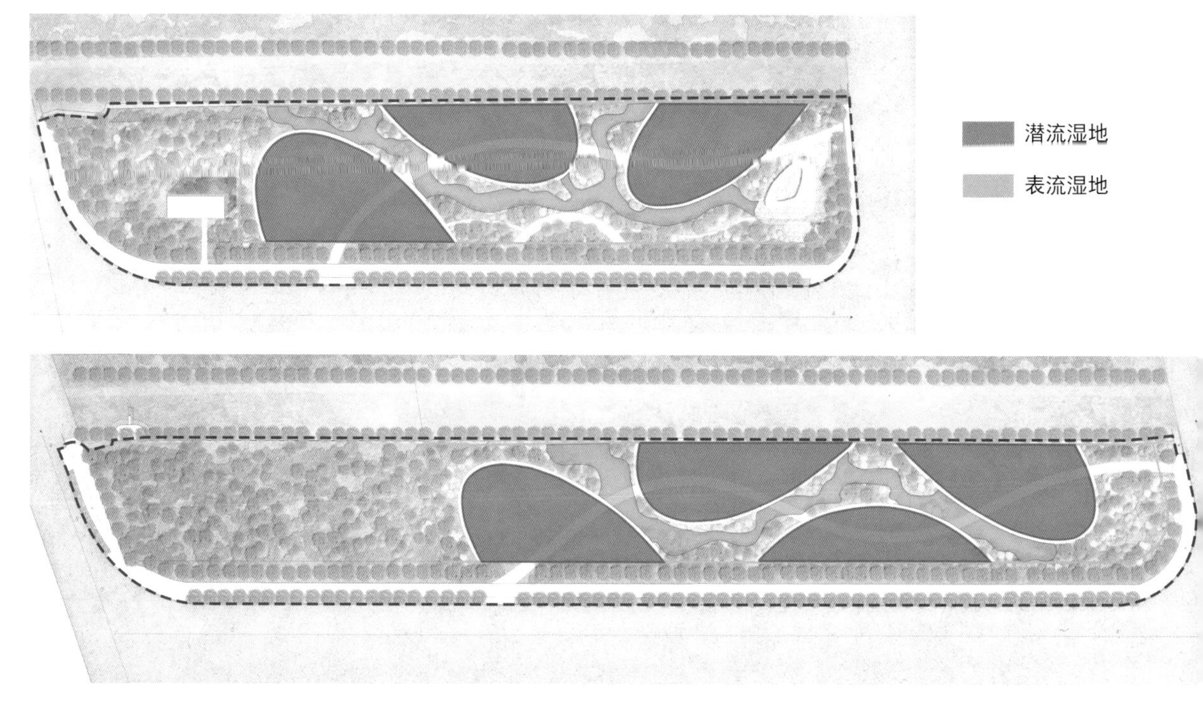

图5-86 公园湿地分区功能设计

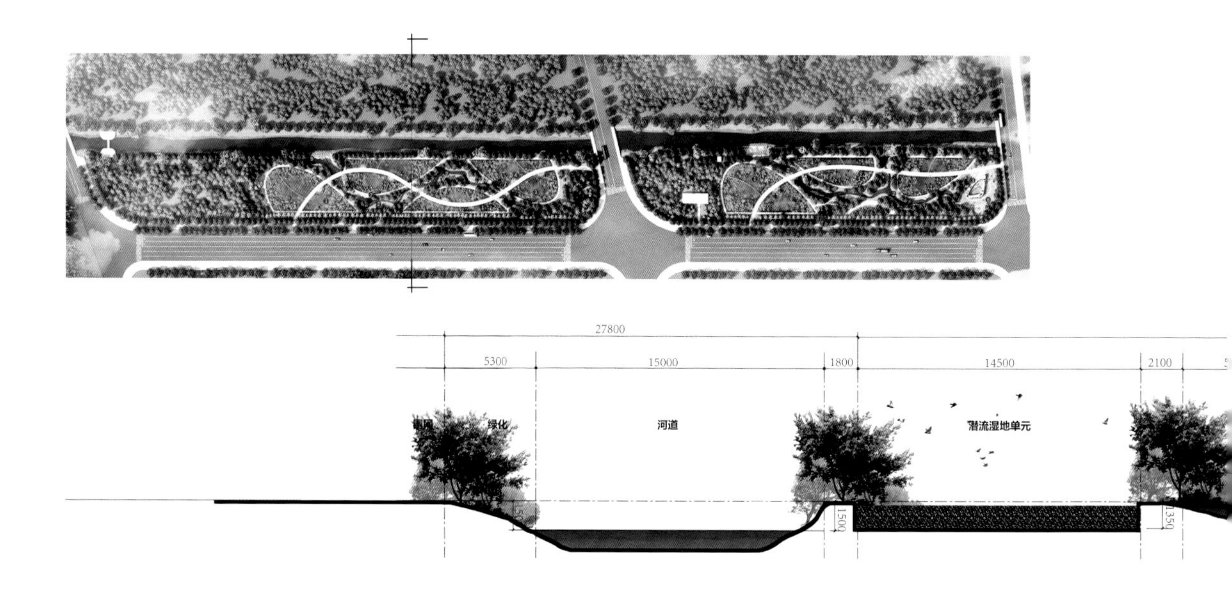

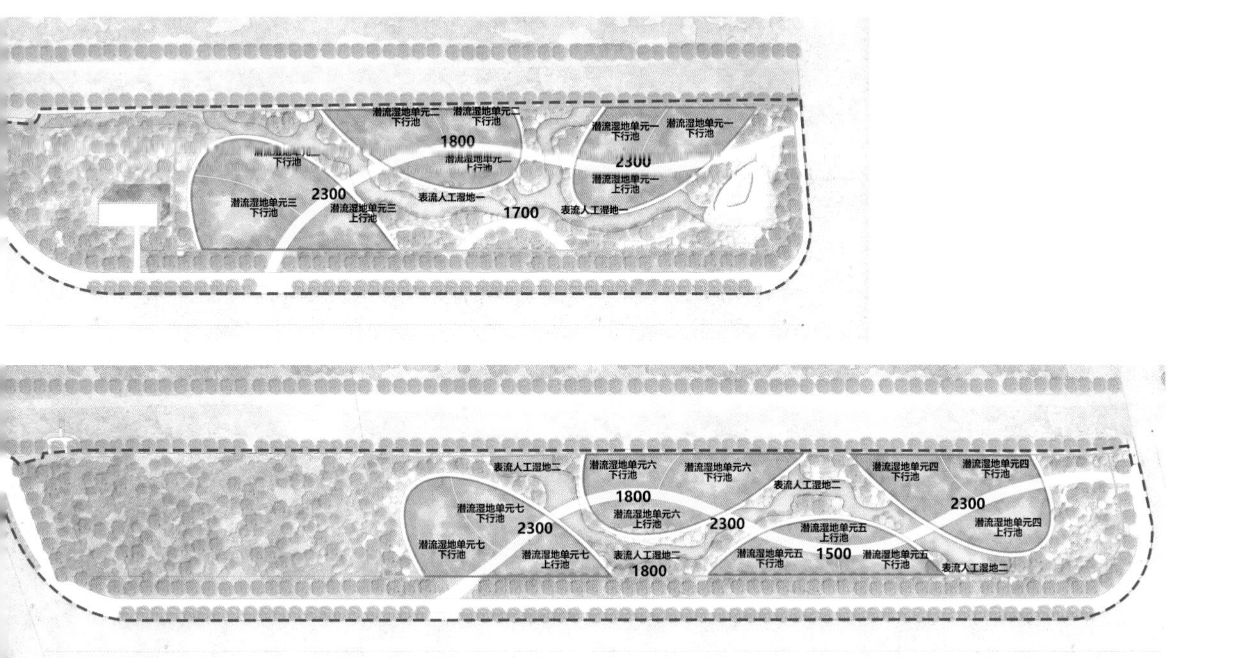

图5-87 公园湿地分区工程细节设计

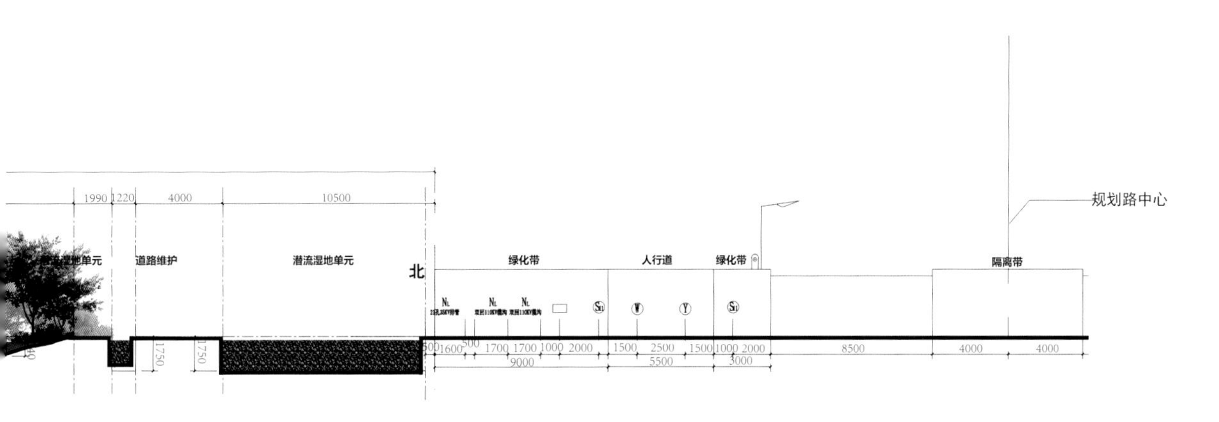

图5-88 西四道、东四道断面图（中环东路以西）

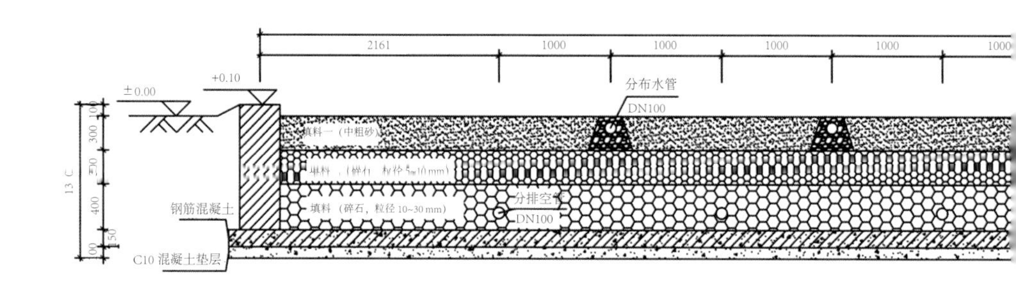

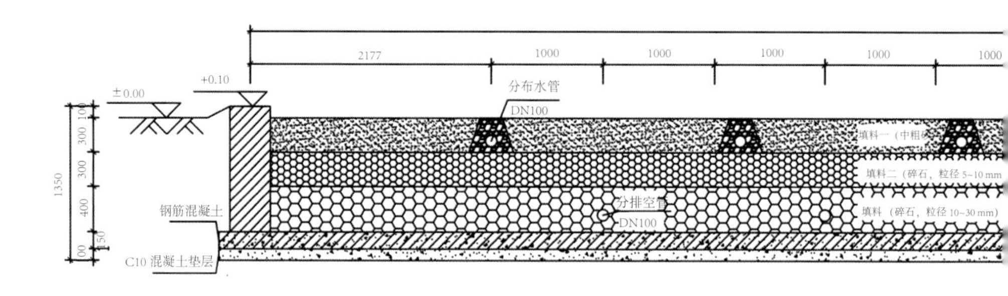

图5-89 潜流湿地单元剖面图（组图）

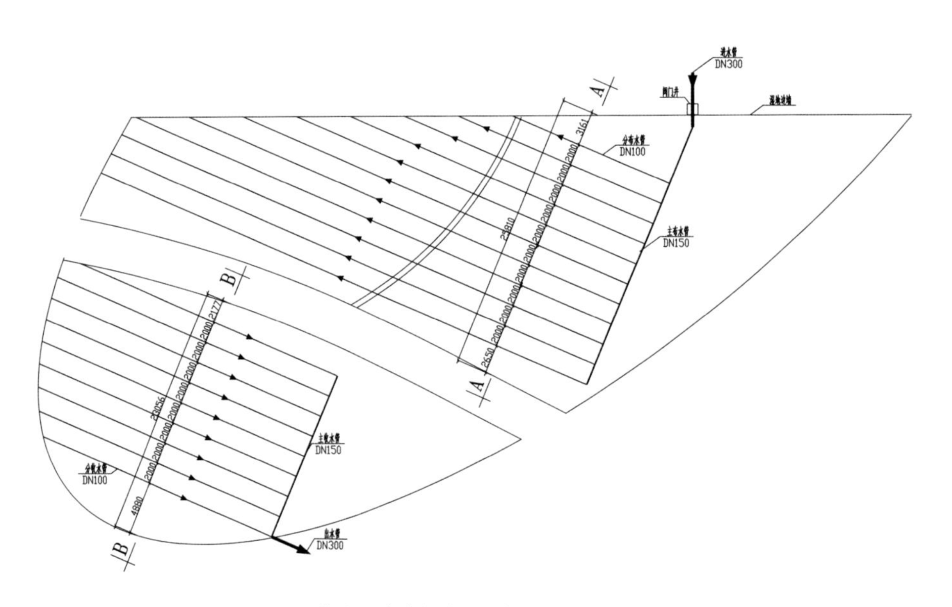

图5-90 潜流湿地放大单元示意——潜流湿地单元顶部管网布置

中水体的干扰。表流湿地流向设计示意如图 5-91 所示。

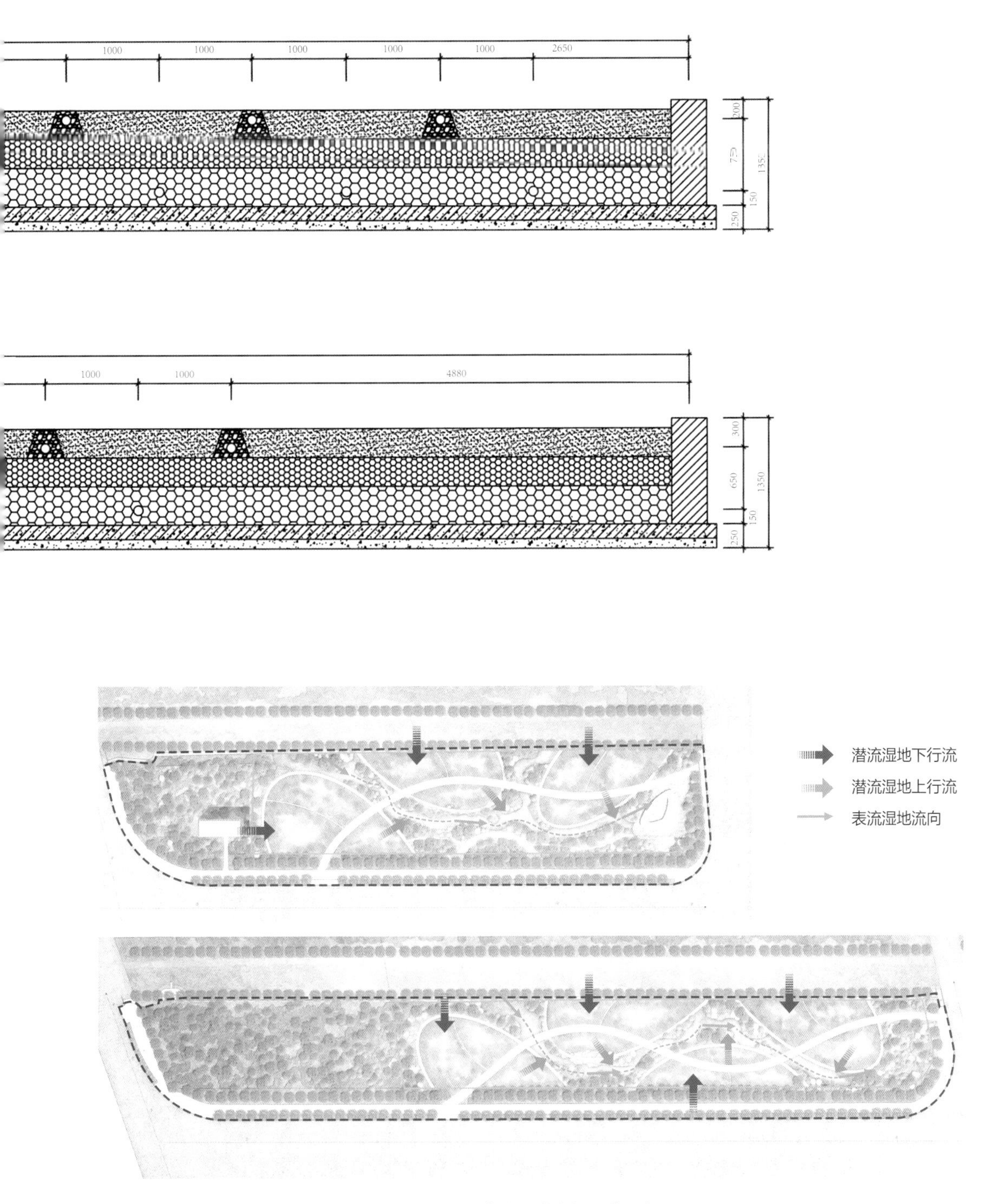

图5-91 表流湿地流向设计示意

2）湿地景观设计

湿地公园总平面图如图 5-92 所示，效果图如图 5-93 ～图 5-95 所示。

（1）湿地岸线设计。与环河北路雨水净化湿地规划设计方法相近，西四道雨水净化湿地岸线同样采用自然流线型，以延长水流路径，保障净化效果。表流湿地驳岸以缓坡形式入水，以利于多样化的水生植物（包括水缘植物、挺水植物、浮叶植物、漂浮植物以及沉水植物）的生长，丰富绿化层次，增加自然野趣。表流湿地单元典型岸线剖面如图 5-96 所示。

（2）湿地道路系统设计。湿地公园道路系统设计平面图如图 5-97 所示。湿地道路系

图5-92 湿地公园总平面图

图5-93 湿地公园总平面效果图（组图）

统由景观步道和维护车道共同组成。维护车道即为潜流湿地净水单元的混凝土边框。景观步道穿行于潜流湿地中，串联起各个潜流湿地净水单元。沿着景观步道有若干伸向潜流湿地中的亲水平台，为游人近距离观赏潜流湿地植物景观提供分散、灵活、半私密的小空间。

（3）湿地植物设计。水域宽阔处的水生植物配置主要考虑远观，以营造水生植物群落

图5-94 湿地公园效果图（一）（组图）

图5–95 湿地公园效果图（二）（组图）

景观为主，以量取胜，强调整体、连续的效果，包括荷花群落、睡莲群落、千屈菜群落、美人蕉群落以及多种水生植物群落组合。

水域面积较小处的水生植物配置主要考虑近观，更强调植物单体的效果，对植物的姿态、色彩、高度有更高的要求。为彰显水面的镜面作用，植物配置不宜过密，以免影响水中倒影及景观透视线。水生植物占水体面积比例不超过 1/3，水缘植物间断种植，留出大小不同的缺口，以供游人亲水及隔岸观景。

图5-96 表流湿地单元典型岸线剖面图（组图）

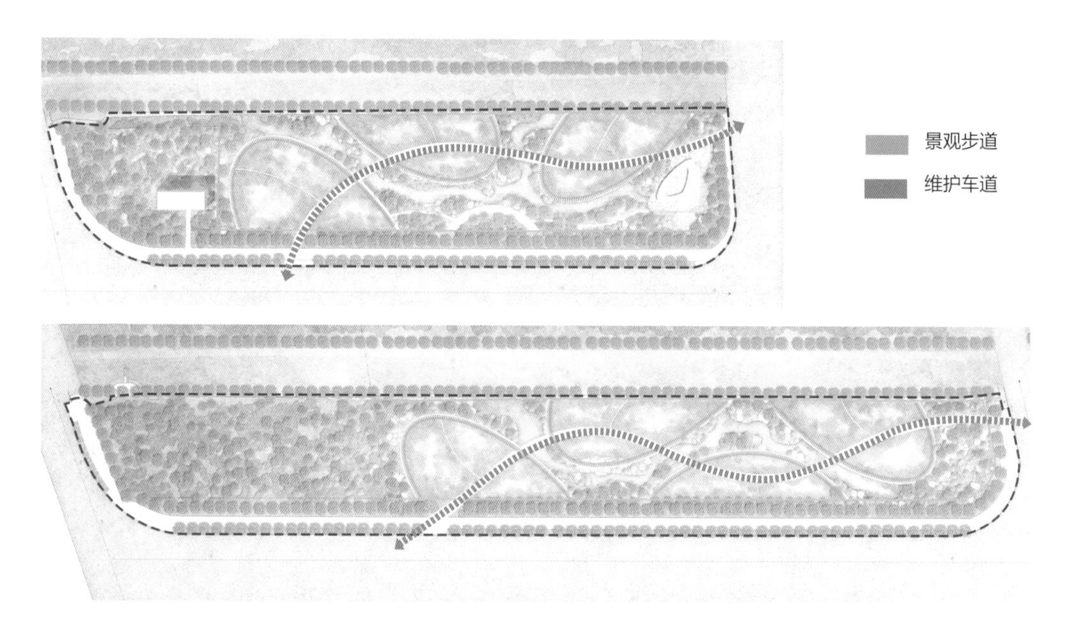

图5-97 湿地公园道路系统设计平面图

人工溪流处的水生植物配置主要考虑人工溪流窄、浅，一眼即可见底的特点，因此选择植株低的水生植物与之协调，且种植体量不宜过大，种类不宜过多，仅起点缀作用，如满江红、圆心浮萍等。

5.3.5 建成后的实际效果

项目于 2012 年开始建设，至 2013 年完工，经多年水质和环境监测发现，环河北路和西四道雨水净化人工湿地的建设不仅实现了对空港经济区地表河湖水系整体水质的有效提升（景观河道水体水质由劣Ⅴ类提高到Ⅴ类，景观湖水体水质由Ⅴ类提升至Ⅳ类，COD、氨氮削减率分别达到 58.2% 和 77.7%），还实现了整个区域水网的有效连通，系统水动力及雨水资源化利用率显著提升。与此同时，伴随地表水体水质的提升，水生动植物多样性明显提高，景观风貌美丽怡人。项目建成后两年健康稳定的水生植物群落如图 5-98 所示，日益丰富的生物种类如图 5-99 所示，湿地公园建设前后对比如图 5-100 所示。舒适宜人的景观风貌及海绵措施效果如图 5-101 ～图 5-107 所示。

图5–98 健康稳定的水生植物群落（项目建成后两年）

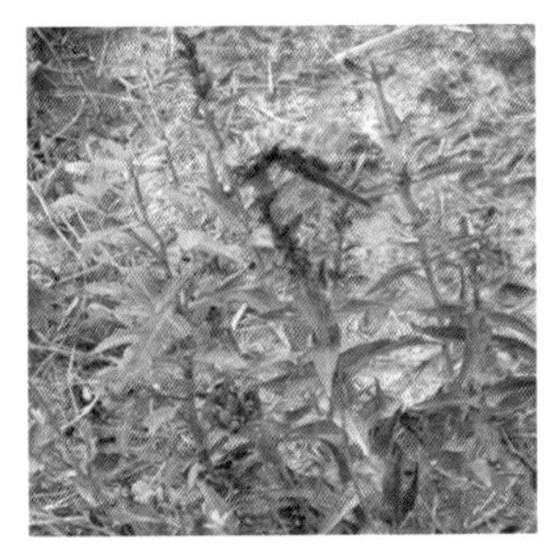

图5–99 日益丰富的生物种类（项目建成后两年）

图5-100 湿地公园建设前后对比

图5-101 北部表流人工湿地山石景观（对引水泵站进行遮挡的同时起到曝气的作用）

图5-102 北部表流人工湿地建成后实景（组图）

图5-103 四道河潜流湿地出水口，净化后的水汇入城市河道

图5-106 四道河潜流湿地游览路径（一）

5–104 四道河潜流湿地建成后实景

图5–105 潜流湿地中的园路

图5–107 四道河潜流湿地游览路径（二）

水质监测断面位置示意如图 5-108 所示，TP 去除效率如图 5-109 所示，NH_4-N 去除效率如图 5-110 所示，COD 去除效率如图 5-111 所示，出水水质视觉感受如图 5-112 所示。

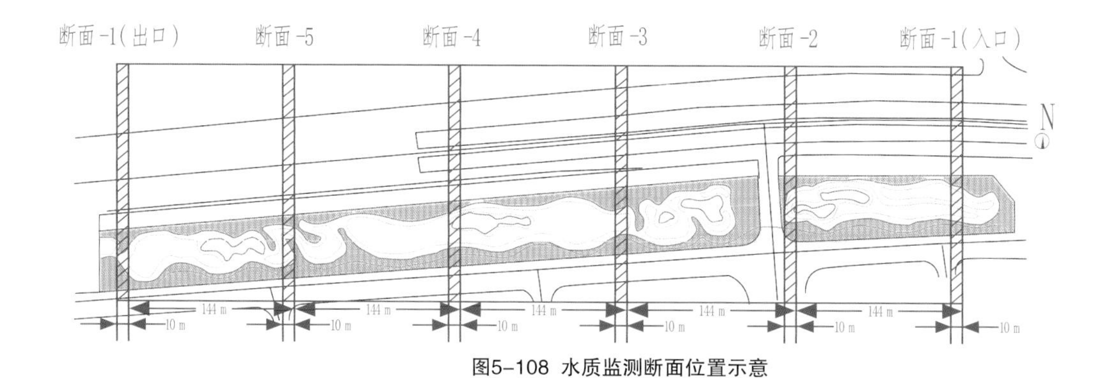

图5-108 水质监测断面位置示意

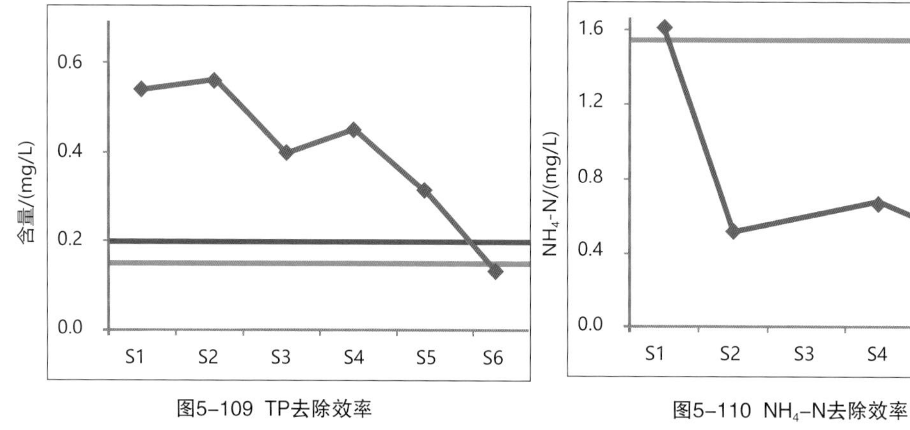

图5-109 TP去除效率

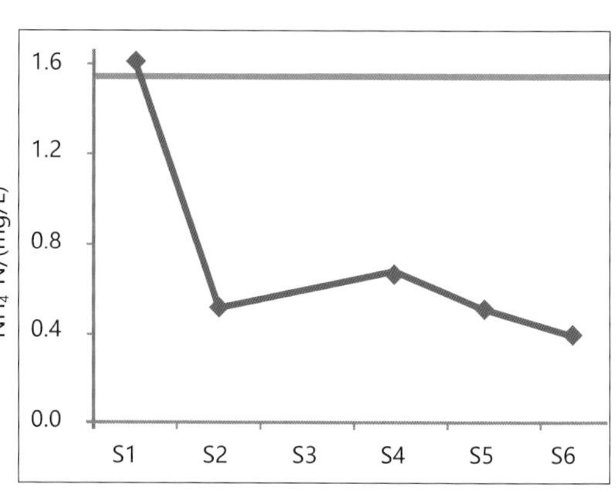

图5-110 NH_4-N去除效率

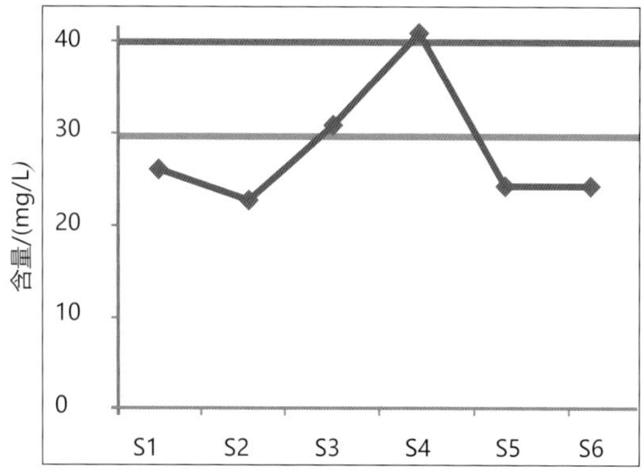

图5-111 COD去除效率

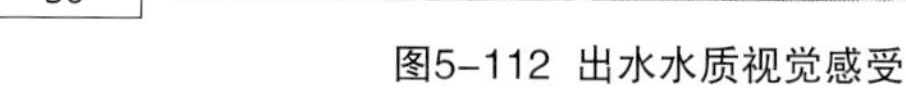

图5-112 出水水质视觉感受

5.4 城市综合公园海绵化改造案例——天津市梅江公园

天津市梅江公园基本情况见表 5-5。

表5-5 天津市梅江公园基本情况

地点	天津市梅江公园
核心设计理念	利用城市中带有大规模水体的综合公园，发掘其雨洪调蓄能力，构建公园海绵系统，为公园周边城市区域雨水管控服务
基本信息	项目位于天津市友谊南路、外环线内，地处梅江居住区中心，总用地面积约为260万m^2。湖面开阔，水面占地约190万m^2。场地周边具有雨污分流制排水管网系统
降水情况	年均降水量少于600 mm
设计单位	天津大学城市规划设计研究院、天津大学
设计人员	曹磊、 罗俊杰、孙艺洲、徐梦亚、吕薇等
净水技术设计人员	黄津辉

5.4.1 场地现状

天津市梅江公园建于 2017 年。湖体形如一只展翅翱翔的大鸟，湖面开阔是梅江公园的最大亮点。大面积的水域对周围居住区的温度、湿度起到了明显的调节作用。公园景观设计注重展示自然的生态之美，以波光粼粼的湖水和湖岸葱郁的树木营造生态宜居之境，使人们充分享受城市中自然清新的生活。

虽然在梅江公园设计之初，设计团队便非常注重生态功能，但从建成后的实际运行效果看，集中大水面的雨洪调蓄能力未能在其所在的梅江居住区得到有效发挥。另外，结合雨中、雨后的现场调研发现，由于缺乏对雨水径流的源头化管理，公园明显存在因地表径流“漫流”而产生的湖体面源污染问题。在此背景下，设计团队对梅江公园进行了最小干扰下的海绵化改造。

5.4.2 改造目标

城市公园不仅是由植物、水景、小品、地形等景观元素塑造的可游可赏的城市空间，更是城市生态空间中的重要节点。因此，从这两个属性出发，公园的海绵化改造目标主要包括“以雨水提升公园的游憩和审美价值”和“以公园绿地空间发挥雨洪管理功能”两个方面。

1. 以雨水提升公园的游憩和审美价值

公园的海绵化改造可以在很大程度上创造出新的水与人之间的关系。除了河流、湖泊等水源，公园中经过精心设计的雨水管理路径和节点可以提醒游人人与水资源之间密不可分且相互影响的关系。在雨水景观中，美丽的、多功能的植物为野生动物提供城市中难觅的栖息环境。这种以提升公园游憩和审美价值为目的的海绵化改造对提升公园的实用性和文化性均具有重要意义。

2. 以公园绿地空间发挥雨洪管理功能

随着我国生态文明建设的不断推进，城市中郊野公园、森林公园和生态公园的数量大幅增加。区别于社区公园、综合公园的空间布局和功能需求，上述公园普遍具有面积大、有集中水体、生态性强的特点，具有调蓄大量雨水径流的能力。在海绵城市建设针对强降雨倡导大排水系统的背景下，可充分挖掘此类郊野公园、森林公园和生态公园的雨洪调控潜力，通过园内集中调蓄空间与园外汇水分区雨水径流通路的建立，充分发挥公园绿地空间对外环境的雨洪管理功能。

5.4.3 海绵系统调控路径——内修外引，多级治理

梅江公园海绵系统构建以“内修外引，多级治理”为主要思路，其调控路径示意如图5-113所示，即通过公园内部对雨水径流的滞蓄积存和公园外部对周边服务范围内城市径流汇集

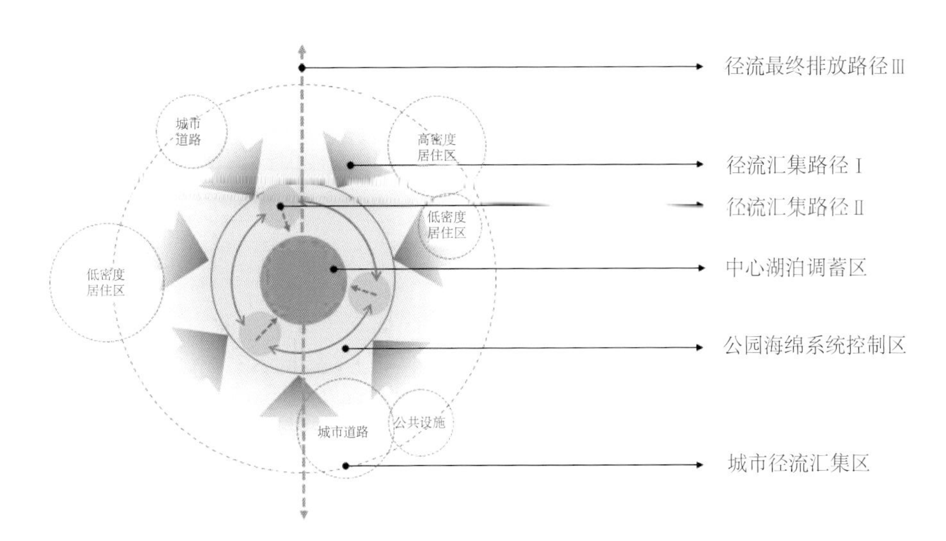

图5-113 梅江公园海绵系统的调控路径示意

区径流的引导，初步实现发挥梅江公园海绵系统作用、服务周边区域过量雨水径流调控的目标。在这一过程中，城市地表原始雨水径流借由改造后的引导性径流通道，自城市径流汇集区向公园海绵系统控制区汇集，并于公园内部经过吸收、净化、阻滞等一系列处理后，总量下降，汇集速度减缓，形成可控的雨水径流并向公园中心湖泊区水体汇集，经水体调蓄后最终通过湖泊出水口缓慢排入城市河流。梅江公园海绵系统进行雨水径流调控的具体流程如图 5-114 所示。

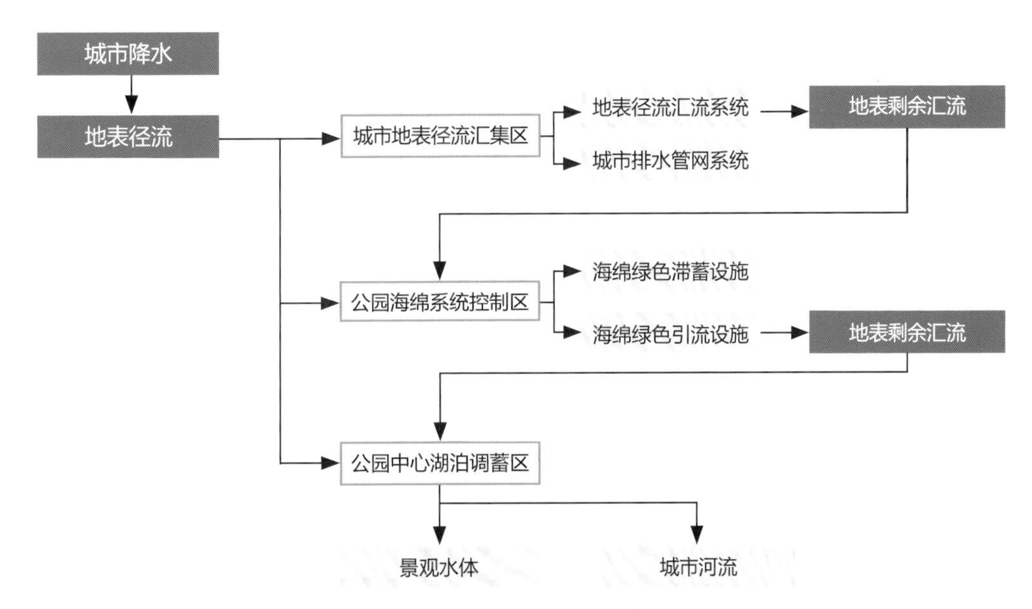

图5-114 梅江公园海绵系统雨水径流调控流程

暴雨时，过量雨水径流的调控处理过程分为3个依次递进的层级，即城市地表径流汇集、公园海绵系统控制及公园中心湖泊调蓄。经过上述3个层级的处理，径流总量减小，径流速度下降。城市地表径流汇集区的产流会优先经过城市排水管网系统进行排放，当排水系统的排放能力达到最大时，地表剩余径流经设施引导进入梅江公园海绵系统控制区，这部分雨水径流经由公园内海绵引流设施进入公园中心湖泊调蓄区，成为湖体景观的一部分，并随湖体水循环过程进入城市河流。在这一过程中，梅江公园海绵系统及其包含的中心湖泊是实现海绵城市雨洪调蓄的核心系统，见图5-115。梅江公园景观总平面图见图5-116。

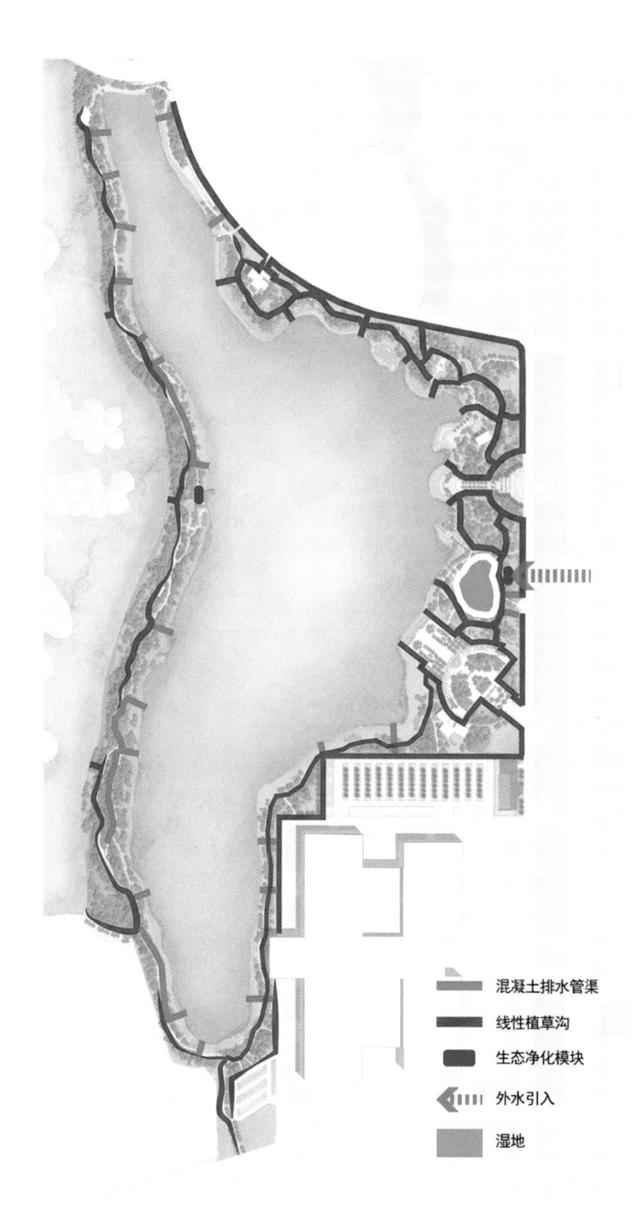

图5–115　梅江公园海绵设施布局

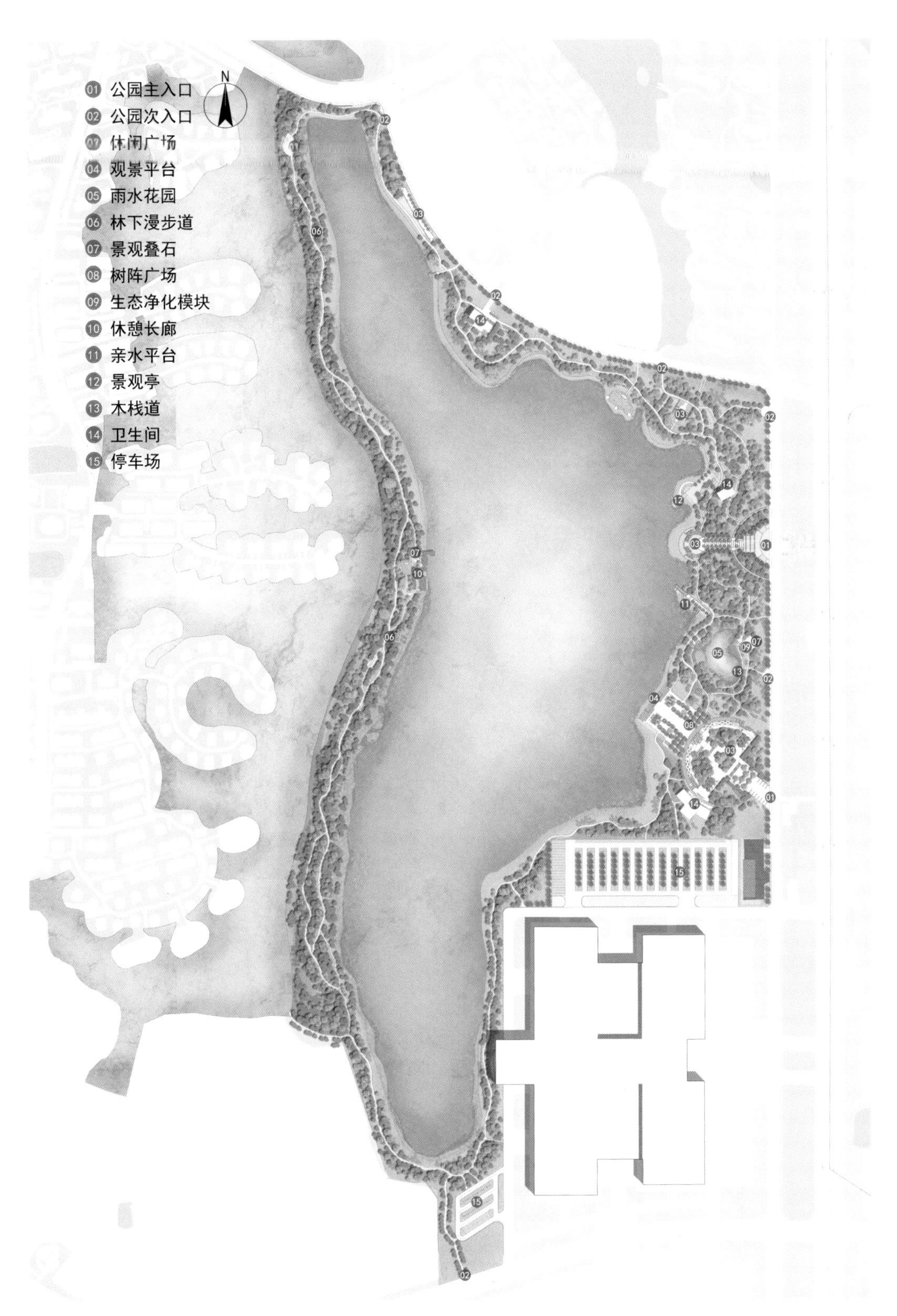

图5-116　梅江公园景观总平面图

5.4.4 海绵化改造方案

1. 竖向设计调整

针对公园地表无组织排水所造成的湖体面源污染问题，通过道路与绿地边缘处的竖向设计调整，以沿路增设沿路纵向线性植草沟和混凝土排水管渠两种方式实现园内地表有组织、源头化的径流管理。线性植草沟和混凝土排水管渠一方面收集公园道路地表径流，另一方面在遭遇连续降雨或强降雨时收集绿地蓄满产流。梅江公园竖向设计改造方案如图 5-117 所示。

2. 重要节点设计调整

为了充分利用梅江公园湖体的调蓄容积，拟通过市政管道支管的局部改线，将园外居住区超过 80% 年径流总量控制率对应降雨强度降雨产生的过量雨水径流引入园内湖体，使湖体成为区内具有雨洪管理能力的绿色基础设施。其中一处园外径流引入点巧妙利用园内紧临市政道路一侧的现有表流跌水湿地空间，过量雨水径流经假山石后被泵至园内，后经重力作用汇入湖中。

园内现有假山石可遮挡提水设备；现有的表流跌水湿地能够对泵入园内的雨水径流进行初步的水质净化，以保障湖体水质。此改造方案在不影响园内现状景观效果的基础上，使得湖体的集中调蓄能力得到了有效的发挥。园外雨水径流引入园内改造方案效果图如图 5-118 所示。

5.4.5 改造后公园的雨洪管理效能

1. 梅江公园湖体调蓄容积核算

梅江公园湖体常水位为 3.52 m，最高水位为 5 m，面积约为 641 740 ㎡（包括上水面 201 740 ㎡、下水面 440 000 ㎡）。本研究以 1 m 为间隔选取 6 个断面进行湖体可调蓄容积的估算，如表 5-6 所示，可知湖水水位每升高 1 m 对应调蓄 641.74×10^6 L 径流，基本符合线性相关关系。

2. 梅江公园雨洪管理能力评估

为明确梅江公园现状湖体对外的雨洪调控能力，构建雨洪管理模型（SWMM）。公园空间与调蓄范围如图 5-119 所示，图中蓝色区域为公园调蓄区域，黄色区域为汇水分区，即梅江公园的雨洪管理服务范围。SWMM 汇水分区划分如图 5-120 所示。分别模拟中小降

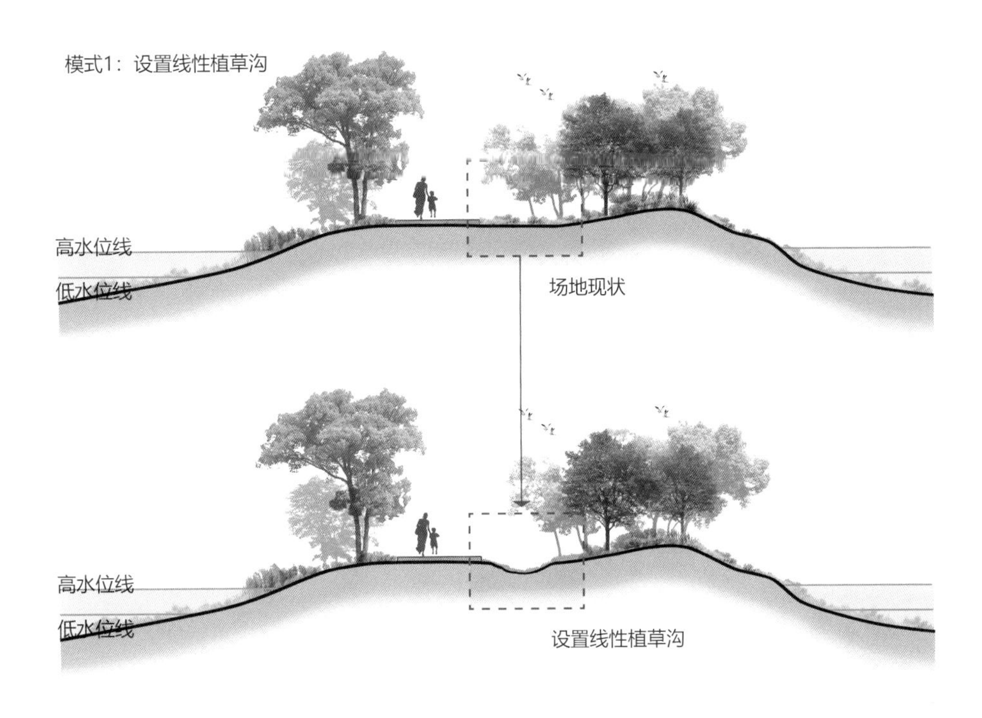

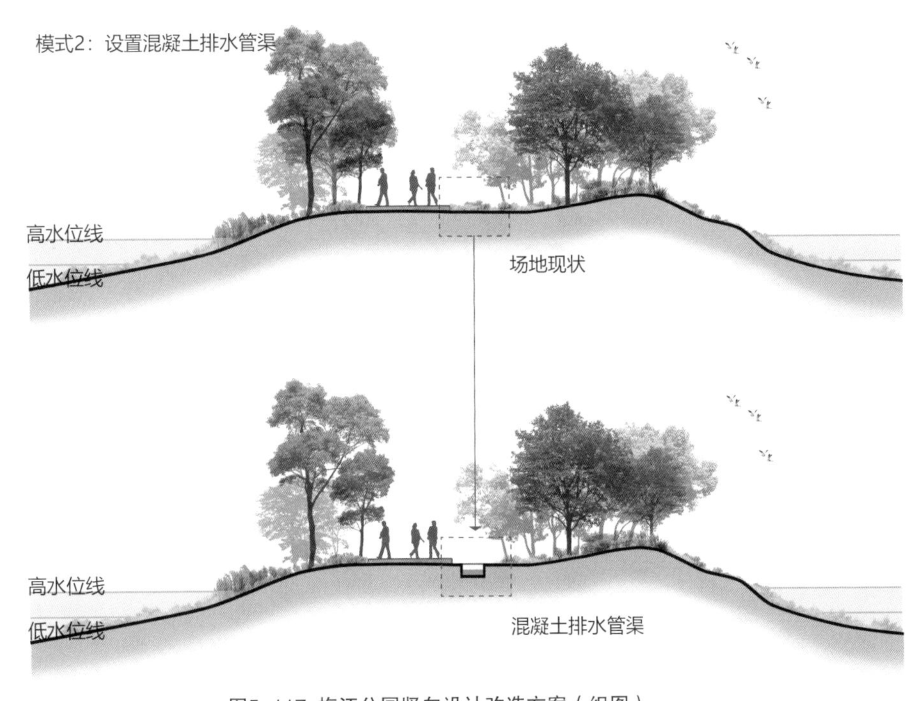

图5-117 梅江公园竖向设计改造方案（组图）

图5-118 园外雨水径流引入园内改造方案效果图（组图）

表5-6 特征水深与湖体调蓄容积

水深/m		0	1	2	3	4	5
调蓄容积/（$\times10^6$ L）	上水面	1 008.7	806.96	605.22	403.48	201.74	0
	下水面	2 200	1 760	1 320	880	440	0
总可调蓄容积/（$\times10^6$ L）		3 208.7	2 566.96	1 925.22	1 283.48	641.74	0

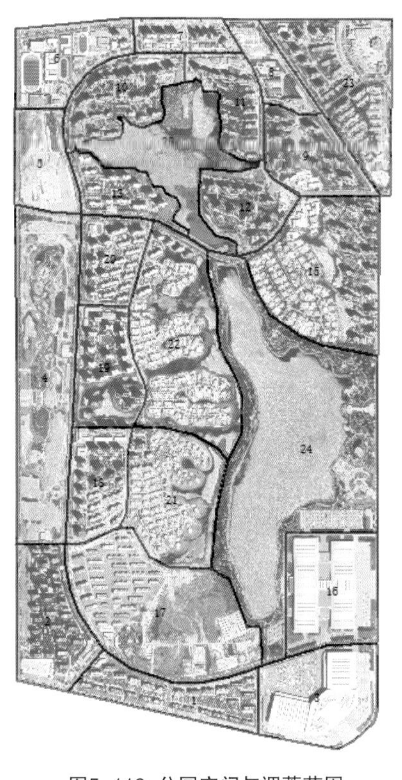

图5-119 公园空间与调蓄范围

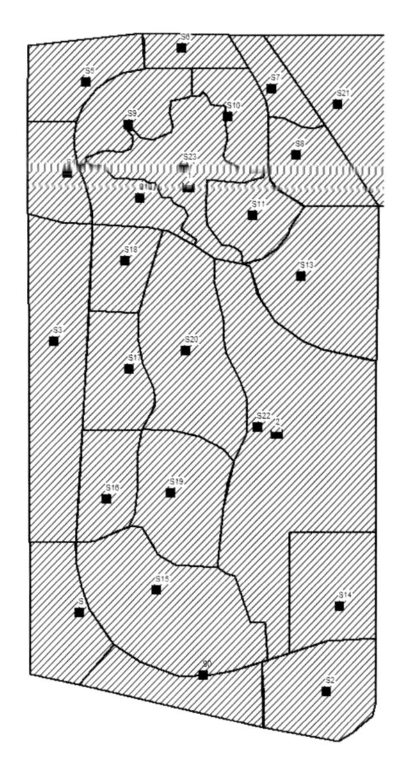

图5-120 梅江公园SWMM汇水分区划分

雨情形（70% ～ 85% 年径流总量控制率）及暴雨情形（2 ～ 100 年重现期暴雨）下，园外汇水分区的调蓄需求量，如表 5-7 和表 5-8 所示。

根据梅江公园及园外汇水分区不透水率空间分布（图 5-121）可知，越靠近梅江公园，不透水率越低；根据降雨峰值时汇水分区内各子汇水分区径流量分布（图 5-122）可知，利用公园内湖体承接园外汇水分区的雨水径流，可明显降低园外各子汇水分区的排水压力，

表5-7 不同降雨情况下梅江公园外汇水分区调蓄需求量

暴雨重现期（n 年一遇）	2	5	10	20	50	100
降雨量/mm	66.17	82.40	94.67	106.94	123.16	135.43
调蓄需求量/(×10^6 L)	507.90	677.36	807.50	938.67	1 112.78	1 244.76

表5-8 不同年径流总量控制率情况下梅江公园外汇水分区调蓄需求量

降雨量/mm	19.8	23.1	27.5	33.1
调蓄需求量/(×10^6 L)	101.76	121.82	150.99	192.16

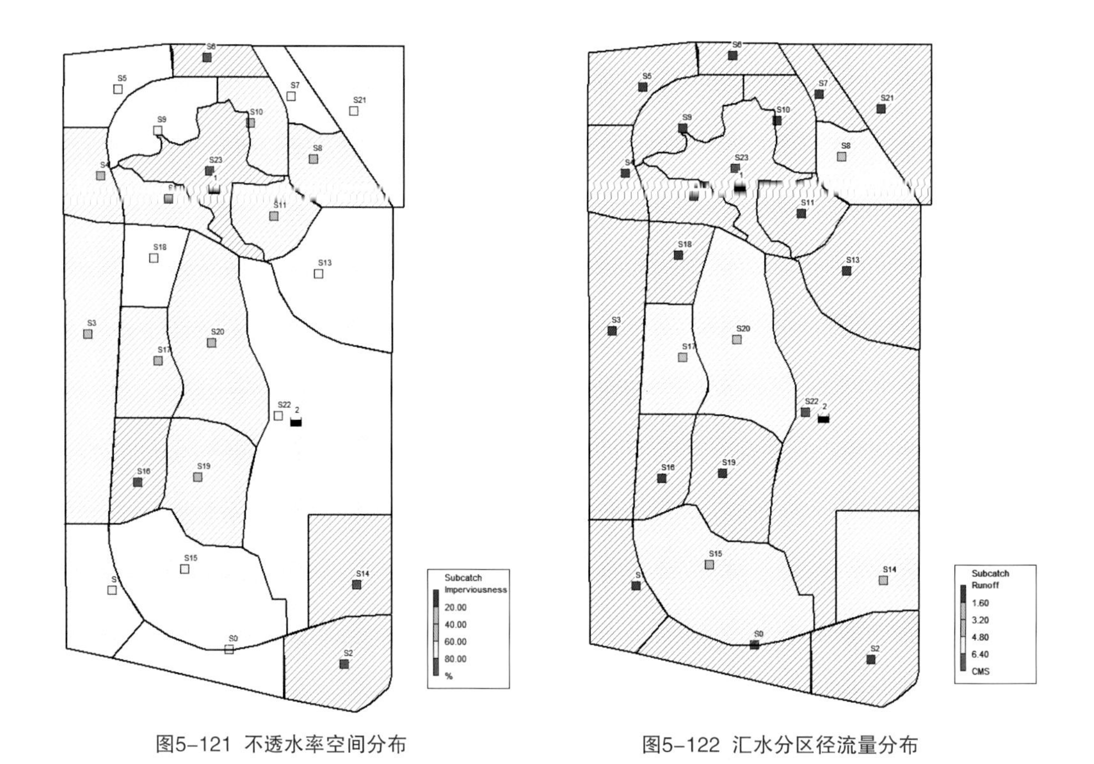

图5-121 不透水率空间分布　　图5-122 汇水分区径流量分布

降低内涝风险。将表 5-7、表 5-8 与表 5-6 的数值进行对比发现，在湖体保持常水位状态下，梅江公园海绵化改造后最多可处理 20 年一遇暴雨所产生的径流。

3. 梅江公园雨洪改造后的景观风貌

梅江公园雨洪改造后的景观效果图如图 5-123 和图 5-124 所示。园内雨洪管理过程示意如图 5-125~ 图 5-127 所示。

图5-123 项目建成效果图（一）

图5-124 项目建成效果图（二）

图5-125 国内雨洪管理过程示意（一）

图5-126　园内雨洪管理过程示意（二）

图5-127　园内雨洪管理过程示意（三）

5.5 城市郊野公园海绵规划设计案例——于庆成雕塑园

于庆成雕塑园基本情况如表 5-9 所示。

表5-9 于庆成雕塑园基本情况

地点	天津市蓟州区
核心设计理念	以乡村特色景观营造为核心特点，充分挖掘项目所在地山地基底条件的造景潜力和限制因素，将山地公园景观营造与山区山洪疏导、管理相结合，塑造山地特色景观
设计及建设时间	2012—2014年
基本信息	公园位于府君山冲沟内，无市政管网
降水情况	年均降水量678.6 mm
设计单位	天津大学城市规划设计研究院、天津大学
参与人员	曹磊、王焱、田鹏、王坤、席丽莎等

5.5.1 区域概况

1. 地理位置

项目位于蓟州区中部、府君山地质构造遗迹景区脚下，南面紧临北环路，东临蓟州区地质博物馆，南临天津市蓟州区国家地质公园，距离于桥水库、南翠屏度假中心约 7 km，是蓟州区文化设施、旅游设施、生态设施的重要一环。于庆成雕塑园效果图如图 5-128 所示。

2. 地质资源

蓟州区地处燕山山脉与华北平原的过渡地带，拥有丰富的地质资源。于庆成雕塑园位

图5-128 于庆成雕塑园效果图

于府君山地质构造遗迹景区的冲沟内，属于天津市蓟州区国家地质公园范围内。在这里，中上元古界地质遗迹保存完好，具有很高的地质科考价值。此外，这里还有一些世界上最古老的地质现象，如形成于距今 13 亿～ 12 亿年前的沉积海泡石矿床和在铁岭组内发现的世界上最古老的喷气孔构造。这里的中上元古界地层剖面是大自然留给人类的宝贵的自然遗产，其中所保存的古生物化石对人类研究早期生命进化历史和地球演化过程具有重要意义。

3. 气象气候

蓟州区的气候属暖温带半潮湿大陆性季风型气候，四季分明，阳光充足，热量丰富，昼夜温差大。年日照时数为 2 522.5 h, 年平均气温为 11.5 ℃，降水量为 678.6 mm，无霜期约为 195 d。蓟州区是天津市重要的水源地，地表水年平均径流量为 10.5 亿 m^3，地下水年可采量为 2.4 亿 m^3。

5.5.2 区域海绵建设面临的问题与需求

1. 降雨冲刷给公园带来安全隐患

项目所在地四季降雨量不均。根据天津市水利科学研究院提供的资料，天津地区夏季降雨占全年降雨量的 78.5%，7—8 月份的降雨量约占全年的 58%，降雨比较集中。集中降雨加之公园所在的冲沟地势使得公园在雨季面临十分严重的山洪威胁。与城市雨水径流的汇集过程相比，山区雨洪汇集速度更快，汇集面积更大，汇流量更多，伴随的冲刷力度更大。鉴于公园所在场地地形、地貌的特殊性，公园海绵设计首先需消除降雨冲刷给公园带来的安全隐患。

2. 雨洪管理需求与山地景观营造相结合

该公园是一座以于庆成雕塑为主题的文化公园，而非单纯的以展示、运用现代生态技术为核心的生态教育公园。于庆成雕塑文化的特色内涵需要与公园的布局、景观要素的艺术表达紧密融合。因此，如何将山地公园的雨洪管理需求与主题文化公园的审美要求相结合，是项目设计的重点和难点。

5.5.3 文化主题公园的海绵系统设计

在充分了解和分析场地自然水文环境特点的基础上，设计团队针对冲沟地势所带来的防洪压力，以“因势利导、蓄排结合”为项目海绵设计的策略，并通过体现于庆成雕塑灵魂的泥土和代表场地特色地质材料的叠层岩将海绵系统与公园的文化主题相结合。

“因势利导”主要体现在规划设计了北起制高点，向南延伸至山脚下市政管网的旱溪。旱溪自由曲折地将沿途若干低地连接成线，以最小的工程量疏导水流，使水流尽可能按照设计师的预想，遵循“避开建筑、聚集地、停车场”的原则流出。例如，旱溪绕开博物馆，疏导水流从建筑旁经过，有效减轻了山洪对建筑的威胁。旱溪以耐冲刷的鹅卵石填充，鹅卵石间的缝隙、孔洞为当地乡土植物的生长创造条件，为净化雨水提供基质，也为蓄积雨水创造空间。这些分散化的小空间，累计总面积达 1 200 m^2，其蓄滞量可达到 360 m^3。公园旱溪实景如图 5-129 和图 5-130 所示。

图5-129 公园旱溪实景（一）（组图）

图5-130 公园旱溪实景（二）（组图）

旱溪以蜿蜒迂回的形式延长了雨水的流经路径，有效减缓了径流的汇集速度，降低了水流的冲刷强度，同时也营造出别具特色的山地景观。旱溪纵贯场地南北，以各凹地为转弯点，小雨蓄滞、大雨排洪，构成了本项目弹性海绵体的主构架。旱溪施工详图如图 5-131 所示。

“蓄排结合”则体现在场地东面充分利用冲沟与东侧山体间高差 10 m 的坡地，依山就势，规划设计山区乡村典型的梯田景观。梯田景观位于冲沟内项目场地与沟外山体之间。这些沿着等高线方向修筑的波浪式阶台地，作为过渡区，犹如隐形水库，滞留从场地东侧汇入的产流，并将其蓄积起来，在一定程度上减小了区内的径流总量，降低了水流对山体的冲刷强度，保土蓄水，减轻了降雨对下层核心景观区构成的威胁。梯田埂利用当地石材堆叠而成，在降低成本的同时强调了梯田景观与周围山地环境的融合。同时，梯田也是一种雨水再利用的方式。梯田共有 5 级，4 个梯田面种植有玉米、棉花、向日葵等农作物，利用下渗蓄积的径流进行浇灌，产生环境、经济效益。梯田景观实景如图 5-132 所示，梯田施工详图如图 5-133 所示。

此外，为了消除山地景区雨后车行道路上径流漫流造成的通行安全隐患，沿路两侧设置砾石边沟，收集路面雨水，在疏导水流的同时对雨水进行过滤等预处理。海绵道路如图 5-134 所示。

5.5.4 于庆成雕塑园景观设计

1. 景观设计手法

1）泥土裂变设计手法的提取

在现代景观设计中，大地艺术将自然环境作为创作场所，成为许多景观设计师借鉴的形式语言，同时，艺术家也纷纷涉足景观设计领域，许多作品往往是由景观设计师和艺术家合作完成的，这促进了景观与雕塑两种艺术的融合与发展。在本次设计中，为了和于庆成乡土风格雕塑更加协调，在景观道路广场的设计过程中选取了泥塑中泥土的裂变机理，并将其抽象变形，形成独特的铺装形式，与叠层岩和雕塑的风格相统一，相互呼应，给人一种浑然天成的视觉体验。

在于庆成雕塑园中，不是将雕塑置于景观中，而是运用场地、岩石、水、

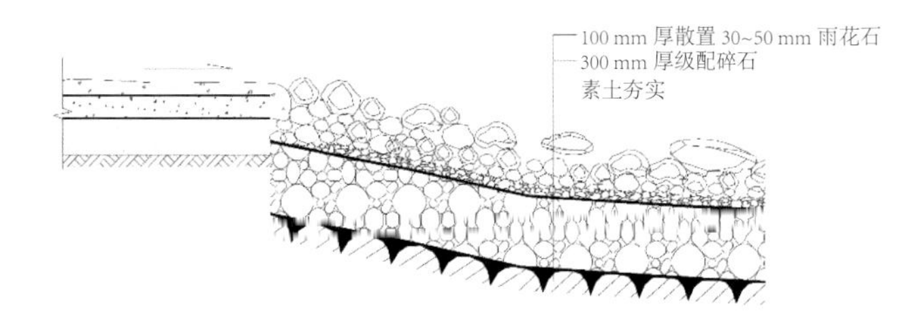

旱溪驳岸（一） 1：20

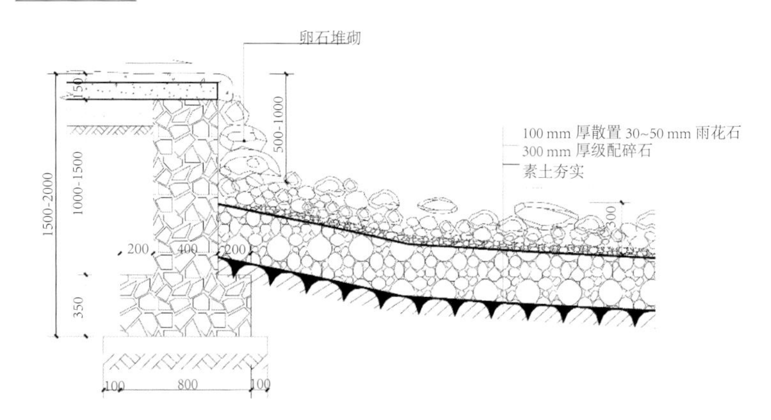

旱溪驳岸（二） 1：20

旱溪驳岸（三） 1：20

除旱溪驳岸（一）、（二）外，其余均为旱溪驳岸（三）

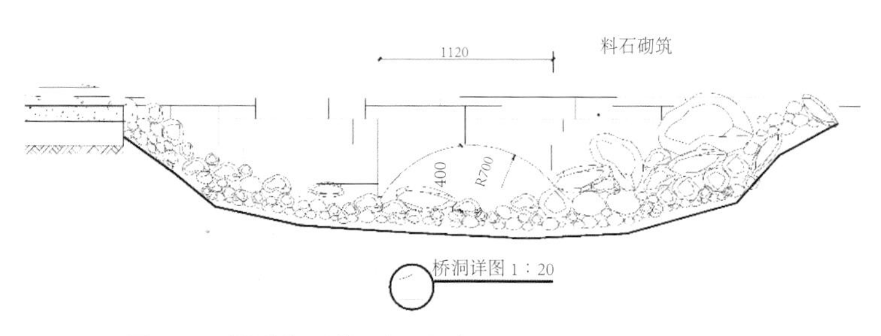

桥洞详图 1：20

图5-131 旱溪施工详图（组图）

图5-132 梯田景观实景（组图）

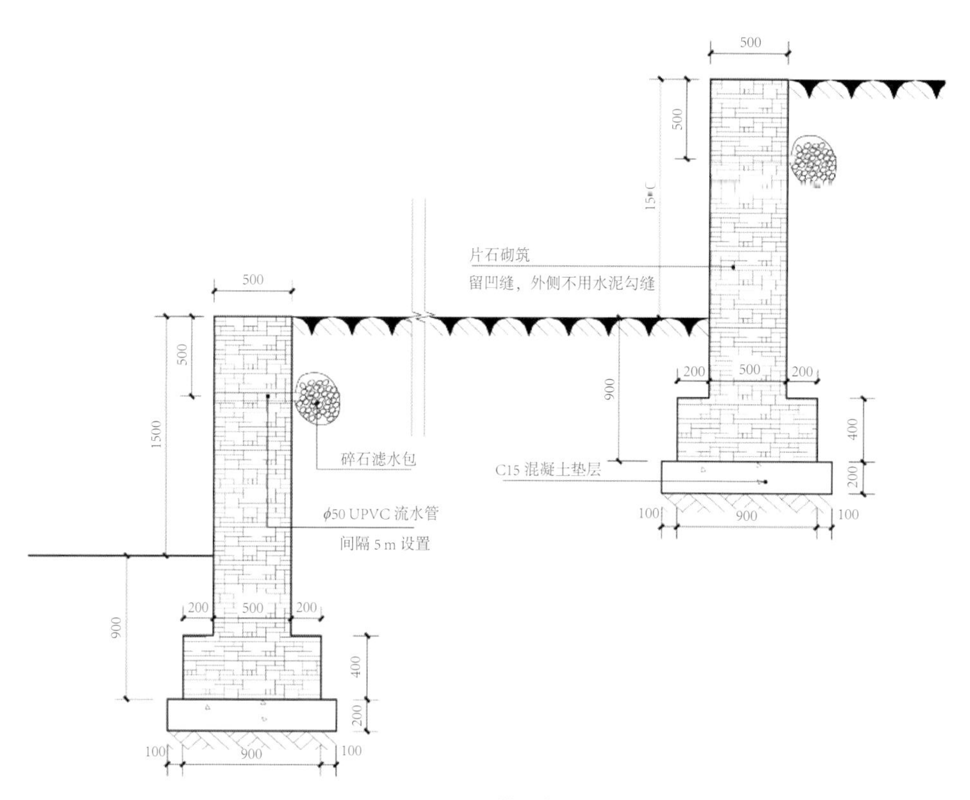

图5-133 梯田施工详图

图5-134 海绵道路

树木等自然材料和手段来塑造蕴含大地艺术的景观空间，“捏泥巴”式的雕塑与“捏泥巴”式的景观完全融合，形成自然的共生结构。园中的景观已经从雕塑和建筑的配景、附属物发展为能对雕塑本身产生实质性作用和影响的因素，其中关键点是生态化和抽象化的大地艺术景观设计。

不仅如此，于庆成雕塑园的景观设计还非常注重以人为本的理念，创造出了一个连续的、集合的、多元的、开放的生态景观结构。造景过程中不单要考虑雕塑的“捏泥巴”形式主题、材质、媒介，还要考虑雕塑对环境的影响及其与公众的互动和对话关系。乡土景观与大地艺术都用最简单有效的方式表达对自然的感受，因此由这两种因素结合而成的景观设计能更好地烘托出于庆成雕塑中的民俗之美。

2）叠层岩肌理的延续

在于庆成雕塑园所在的天津市蓟州区府君山山区，有一种珍贵的奇石——叠层岩。它是地球上已知的最古老的生命化石，被誉为“大地史书”。闻名世界的中上元古界地层剖面保护区就在蓟州区境内。蓟州区特有的叠层岩形成于 13 亿年前，由海洋藻类沉积而成。叠层岩因纵剖面呈向上凸起的弧形或锥形叠层状，如扣放的一叠碗，故而得名。它既有很高的科学价值，又有很高的艺术价值和收藏价值。于庆成雕塑园的景观规划设计借鉴了叠层岩成形、岩浆流淌的概念，由此形成的景观元素从场地高处的于庆成雕塑展览馆开始“流淌”至场地低处的入口区。道路在绿植间层层叠叠、蜿蜒曲折，形成独特的大地艺术景观。雕塑生长于大地艺术之上，生长于景观之中。叠层岩肌理延续的景观表达如图 5-135 所示。

图5-135 叠层岩肌理延续的景观表达

2. 整体布局

于庆成雕塑园整体分为4大区域，即入口景区、中心雕塑景区、梯田景区和九曲林径区，于庆成雕塑展览馆位于基地中心偏北。入口景区在基地最南端，该区域为雕塑园的欢乐童年雕塑展区，多为硬质铺装，设置了铁路用房、片石标志墙和花架。中心雕塑景区位于基地中心，为雕塑园的和谐乡村和温馨夕阳雕塑展区，塑造了叠层岩肌理景观地形、旱溪景观和中心绿岛。基地东侧为梯田景区。西侧的九曲林径区主要为行车区，这里绿化植被丰富，高差起伏明显，具有较好的景观视觉效果。公园总平面图如图 5-136 所示。

图5–136 公园总平面图

3. 道路系统设计

于庆成雕塑展览馆道路系统组织分为主要步行路、主铺装景观路、车行路和步行石阶路。车行线路沿场地西侧布置，与人行线路分离，保障了游客的安全，也方便了有需要的人群直接进出展览馆步行石阶路贯穿整个基地。主铺装景观路主要分布在公园的入口景区和中心雕塑景观区，与雕塑有着良好的呼应，起到了引导游人有序游览公园的作用。交通路线分析如图 5-137 所示。

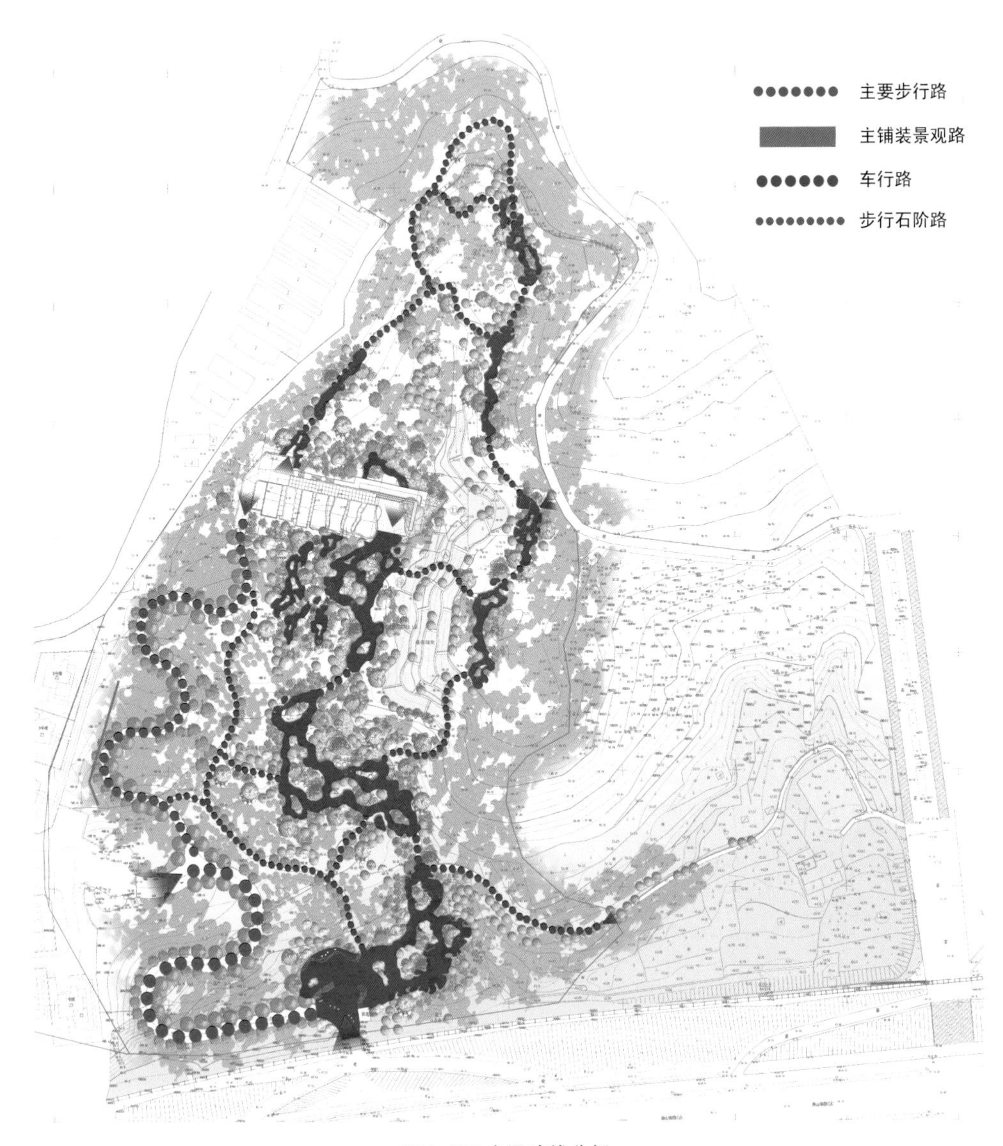

图5-137 交通路线分析

4. 分区景观设计

1）入口景区设计

入口景区位于场地南侧，紧临北环路，是于庆成雕塑园的主要人行、车行入口，也是提供游客集散、娱乐、休憩的重要场所，是设计的重点。入口区将挡土墙作为入口景墙，采用叠层岩的肌理形式，并将墙面设计为曲线，以增强动感，强调起伏的山形地势，形成空间视觉中心；对挡土墙墙面材质及绿化方式也进行了精心的设计，将攀爬类植物植于墙顶的种植穴中，以软化挡墙的硬质景观效果，改善景墙周围的生态环境，促进人工景观与自然景观的交融，使其融入周边环境，突出入口主体雕塑的艺术性。公园入口平面图如图 5-138 所示，入口实景如图 5-139 所示。

2）中心雕塑景区

中心雕塑景区包括 3 个主题景点，分别为代表“乐”的“欢乐童年”、代表“礼”的“和谐乡村”和代表“孝”的“温馨夕阳”。其中“和谐乡村”主题景点又分为“好日子”“多彩生活”“和谐生活”3 个雕塑群。中心雕塑景区分区如图 5-140 所示。

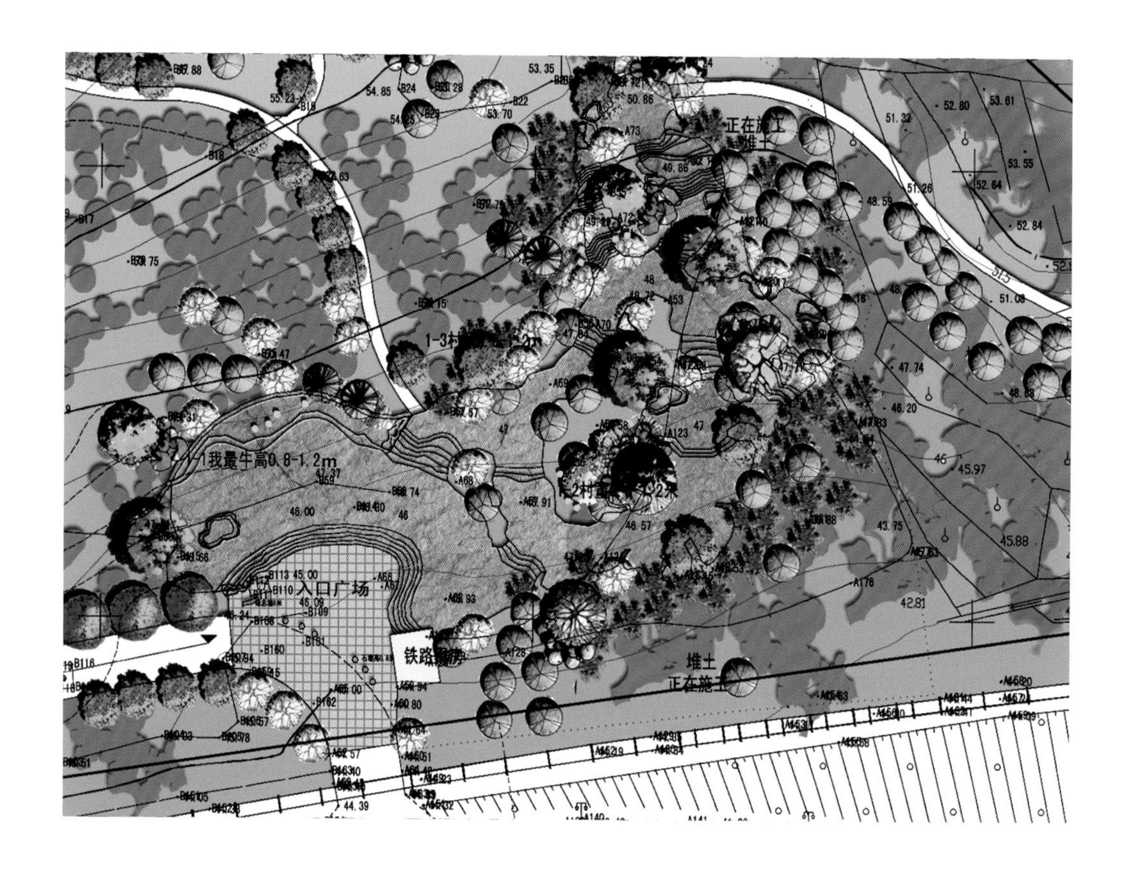

图5-138 入口平面图

图5–139 公园入口实景

图5–140 中心景区分区图

（1）“乐”——“欢乐童年”主题景点（图 5-141）。代表“乐”的欢乐童年区位于于庆成雕塑园南入口区域，共有 12 组雕塑，计 29 个儿童形象，栩栩如生地展现了生命的纯真、欢乐与希望。作为入口雕塑群，欢乐童年区寓意人生阶段的起点，同时诠释和体现了当代蓟州区的民俗文化与人文风情。

图5-141 “欢乐童年”主题景点

（2）“礼”——“和谐乡村”主题景点。“和谐乡村”主题景点以表现新农村生活的精神面貌为主，其平面图如图 5-142 所示。该主题景点又分为 3 个雕塑群，分别表现农村人与人之间和谐交往的“和谐生活”主题，表现农村生活中的诙谐、温馨、乡情的“多彩生活”主题，表现农村生活日新月异、蒸蒸日上的“好日子”主题。“和谐生活”主题共计 7 组雕塑，“多彩生活”主题共计 7 组雕塑，“好日子”主题共计 3 组雕塑。本区域在临近建筑的重要位置又设置了单独主题——“长江黄河”。

（3）“孝”——“温馨夕阳”主题景点。景观设计以表现人与自然和谐为首要，有一组雕塑为“妈妈吃啥我买啥”，表现孝顺主题。

公园内的雕塑如图 5-143 所示。

图5-142 “和谐乡村”主题景点平面图

长江黄河

赶上了改革

两朵花

村童1

一架马车

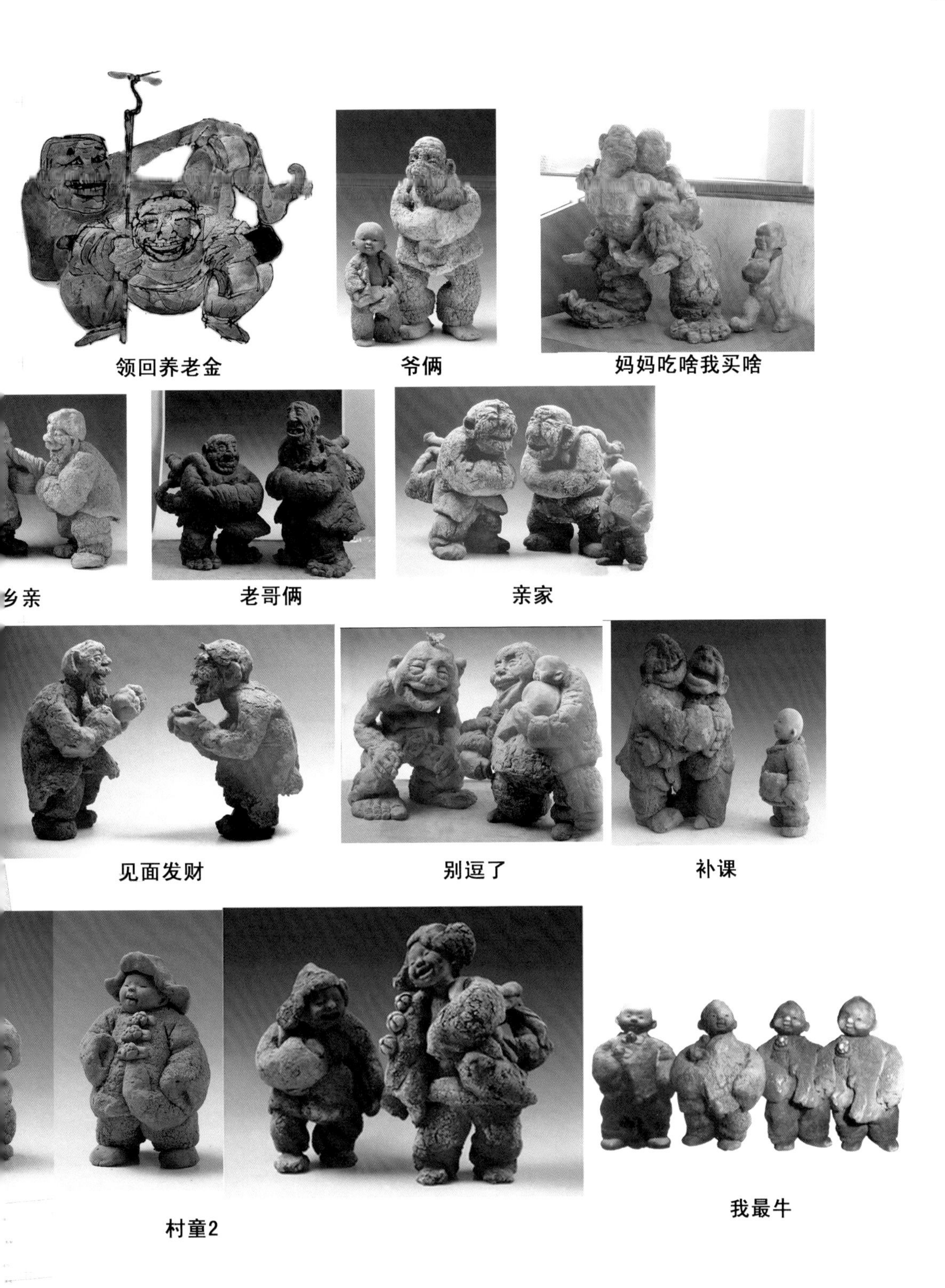

图5-143 公园内的雕塑（组图）

5.6 城市社区公园海绵规划设计案例——雄安社区公园

雄安社区公园基本情况见表 5-10。

表5-10 雄安社区公园基本情况

地点	雄安新区
核心设计理念	针对场地积水严重、径流污染导致水体污染的问题，规划设计低影响开发设施，解决场地积水，净化水质
设计及建设时间	2018年
基本信息	位于河北省中部，地处北京、天津、保定腹地
降水情况	年均降水量522.9 mm
设计单位	天津大学城市规划设计研究院、天津大学
参与人员	曹磊、杨冬冬等

5.6.1 区域概况

雄安新区位于河北省中部，地处北京、天津、保定腹地，东接廊坊市固安县、霸州市、文安县，西与保定市清苑区、徐水区接壤，南临高阳县、任丘市，北与定兴县、高碑店市相连，起步区面积约为 100 km^2，中期发展区面积约为 200 km^2，远期控制区面积约为 2 000 km^2。

雄安新区位于太行山东麓、冀中平原中部、南拒马河下游南岸，在大清河水系冲积扇上，属太行山麓平原向冲积平原的过渡带。全境西北较高，东南略低，海拔高度为 7 ～ 19 m，自然纵坡为 1‰左右，为缓倾平原，土层深厚，地形开阔，植被覆盖率很低，境内有多处古河道；地处北纬中纬度地带，属暖温带季风型大陆性气候，四季分明，春旱多风，夏热多雨，秋凉气爽，冬寒少雪。年均气温为 11.9 ℃，最热的 7 月平均气温为 26.1 ℃，最冷的 1 月平均气温为 −4.9 ℃；年日照时数为 2 685 h，年平均降雨量为 522.9 mm；无霜期为 191 d 左右，最长 205 d，最短 180 d。雄安新区有南拒马河、大清河、白沟引河等河流，华北平原最大的淡水湖泊——白洋淀位于其东南部。白洋淀是大清河水系各支流冲积扇的前缘洼地，上承九河（潴龙河、孝义河、唐河、府河、漕河、萍河、杨村河、瀑河及白沟引河），下流入海，是保定市地势最为低洼的区域。

5.6.2 海绵社区公园建设目标

社区景观在城市居住空间中形成了若干高品质的休闲开放空间。通过海绵城市的配套建设，将自然要素引入以人工要素为主的社区，提供生态化的居住环境，更利于市民亲近自然，促进邻里关系，从而提升市民生活品质，形成人与自然的良性互动。更重要的是，社区景观的建设可增加城市绿地的面积，利用海绵城市理念中的雨水管理措施，达到场地水循环良性发展的目的，同时也可降低城市内涝风险，被处理的雨水还可作为社区范围内生活用水的资源。将社区景观有机地融入海绵城市建设中，建立人与自然和谐共生的新型城市有机体，可有效地改善城市人居环境，提高城市安全指数。

该项目由于场地条件较为宽松，十分适合海绵城市的建设。社区公园的规划设计充分利用雨洪管理思路，使得居住区中的开放空间在经历大雨量冲刷时，可以充当吸收、调节雨水的海绵体，从而改善周边的水文环境，调节微气候等。社区公园面积较小，具有投资少、见效快的经济优势，能够与社区周边的其他绿地形成城市绿网，成为城市完整的雨洪处理系统的一个重要环节。雄安海绵社区公园项目效果图如图 5-145 所示。

5.6.3 海绵系统运行模式

雄安社区公园的海绵系统运行模式示意如图 5-146 所示，海绵系统运行模式流程如图 5-147 所示。

为解决场地积水问题，规划设计充分利用基地从北到南由高到低的原始地形，以汇集来自周边铺地的雨水径流。雨水径流从最高处的屋顶、湿地、拦洪草坪到最低处的河道一路向下，形成一个完整的水循环系统。屋顶排出的多余径流首先被输送至地表的植草透水铺装进行初步雨水下渗；雨水流往水池的过渡区设置有草坪和亲水台阶，巧妙地处理了高差变化，促进了雨水渗透、净化，同时也成为周边居民休闲娱乐的场所，周边社区及道路的雨水由

图5-145 雄安海绵社区公园项目效果图

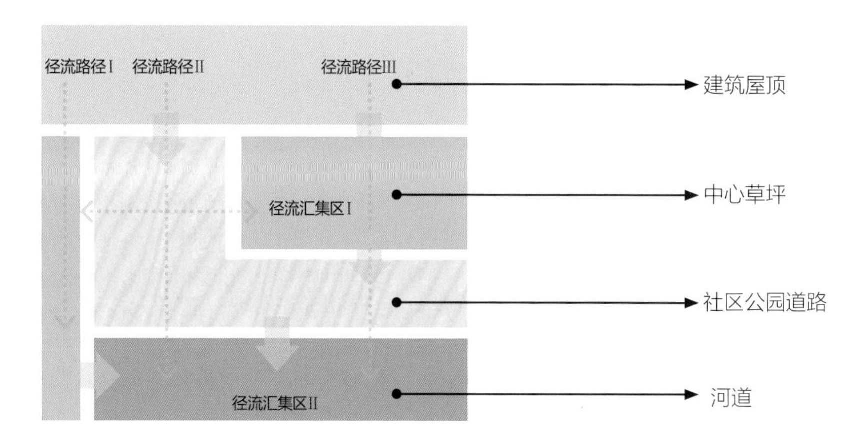

图5-146 海绵系统运行模式示意

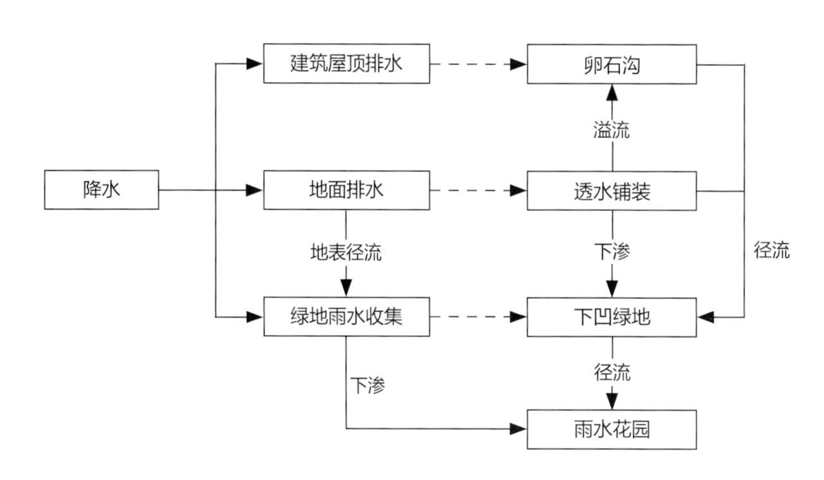

图5-147 海绵系统运行模式流程

地势疏导从侧面流入其中。

主草坪是一个开阔、倾斜的休闲空间，在无雨时，倾斜的草坪成为一个独特的多功能露天剧场，为公众提供了一个有趣的活动场地。降雨时，草坪吸收雨水和径流，并通过重力作用将其传输至低处的蓄水池。透水铺装及草坪减缓了水流的速度，增加了水流的送氧量。

水体驳岸边种植层层水生植物来减小径流的冲击力，过滤污染物，减缓雨水流速，净化水体，形成天然的雨水净化系统。降雨后，一部分雨水自然渗透回补地下水，一部分经生物群落过滤净化后被输送到公园内再利用。

该社区公园的设计融合了蓄水、休闲、娱乐等多种功能，在蓝色水文系统、绿色生态系统和社区系统之间建立了紧密的联系，形成了城市建成区的行洪通道。

5.6.4 社区公园设计方案

1. 功能布局

社区公园的功能布局分析示意如图 5-148 所示，社区公园的功能布局如图 5-149 所示。为满足社区居民的不同需要，公园被规划为草坪活动区、儿童游艺区、多年龄运动区、湿地科普区和老年休闲区。设计立足实际，追求完善功能，以促进公园周边居民游憩及社交活动为出发点，对游行步道进行合理设计，使整个空间具有明确的导向性；同时将艺术化的视觉元素融入整个环境，对各景观节点进行精心的美化，以促进社区居民的交流。社区公园的设计改变了传统的排水方式，引进海绵城市建设的技术路线，结合景观设计，将排水技术措施由原来的单一"快排"转化为"渗、滞、蓄、净、用、排"的耦合方式。

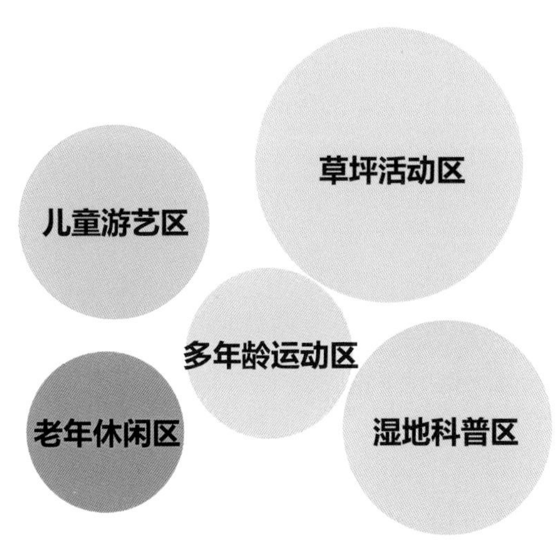

图5-148 社区公园的功能布局分析示意

2. 公园海绵系统景观设计

公园海绵系统景观设计示意如图 5-150 所示。

3. 分区设计

1）儿童游艺区

儿童游艺区平面图如图 5-151 所示，效果图如图 5-152 和图 5-153 所示。

儿童游艺区对接地块西侧的小学，故在景观设计上突出儿童游乐功能，划分为游乐项

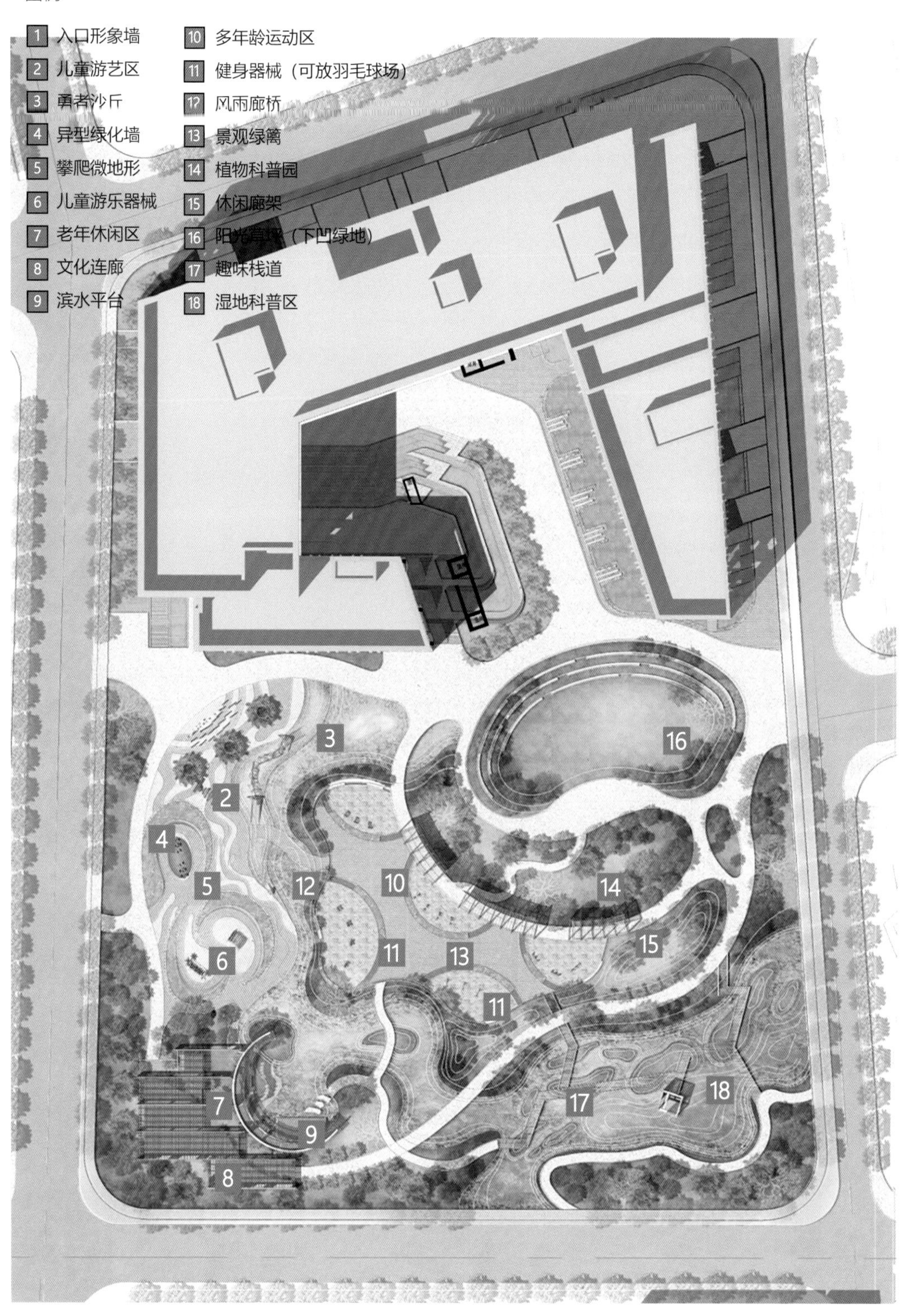

图5-149 社区公园的功能布局

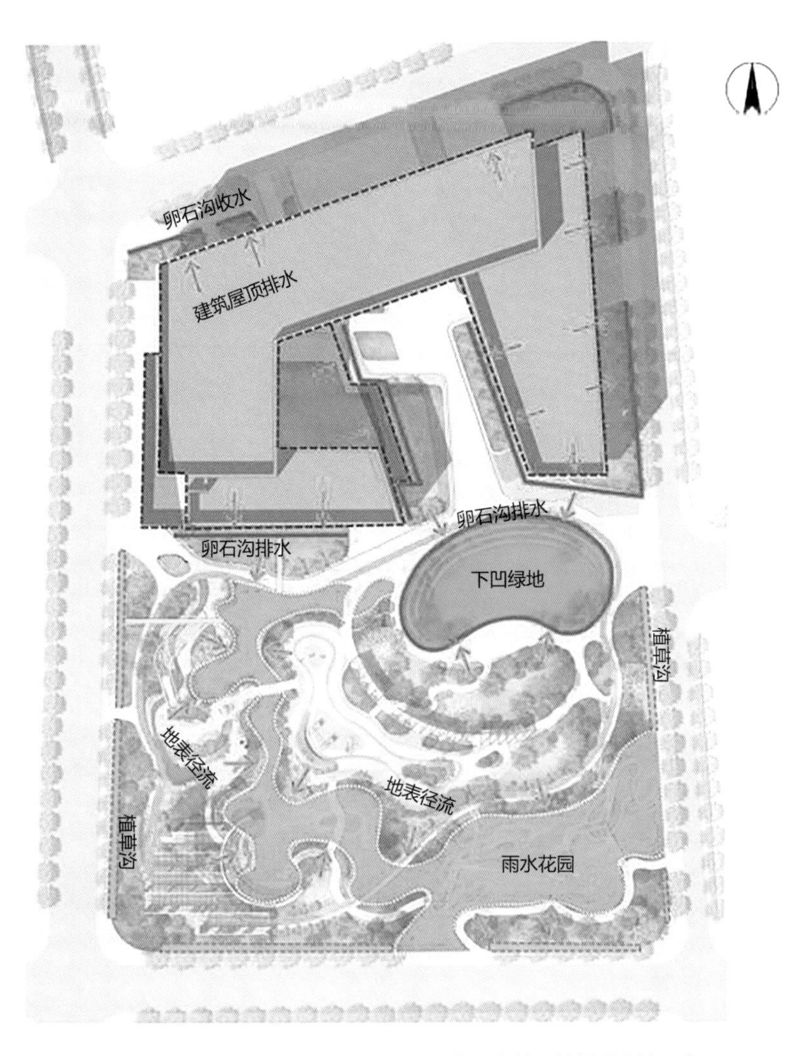

图5-150 公园海绵系统景观设计示意

目区、科普项目区、健身项目区与休闲场地，不仅为周边居民服务，为居民提供一处亲子游乐休闲的场所，同时也为附近小学及幼儿园提供一处寓教于乐的科普基地。儿童游艺区结合地形的起伏设置了一些可供儿童攀爬的游戏场地、沙坑、异型绿化墙，以及充满童趣的湿地净水设施和流线型铺装样式，打造出一个生态自然、童趣盎然的儿童游乐场所。

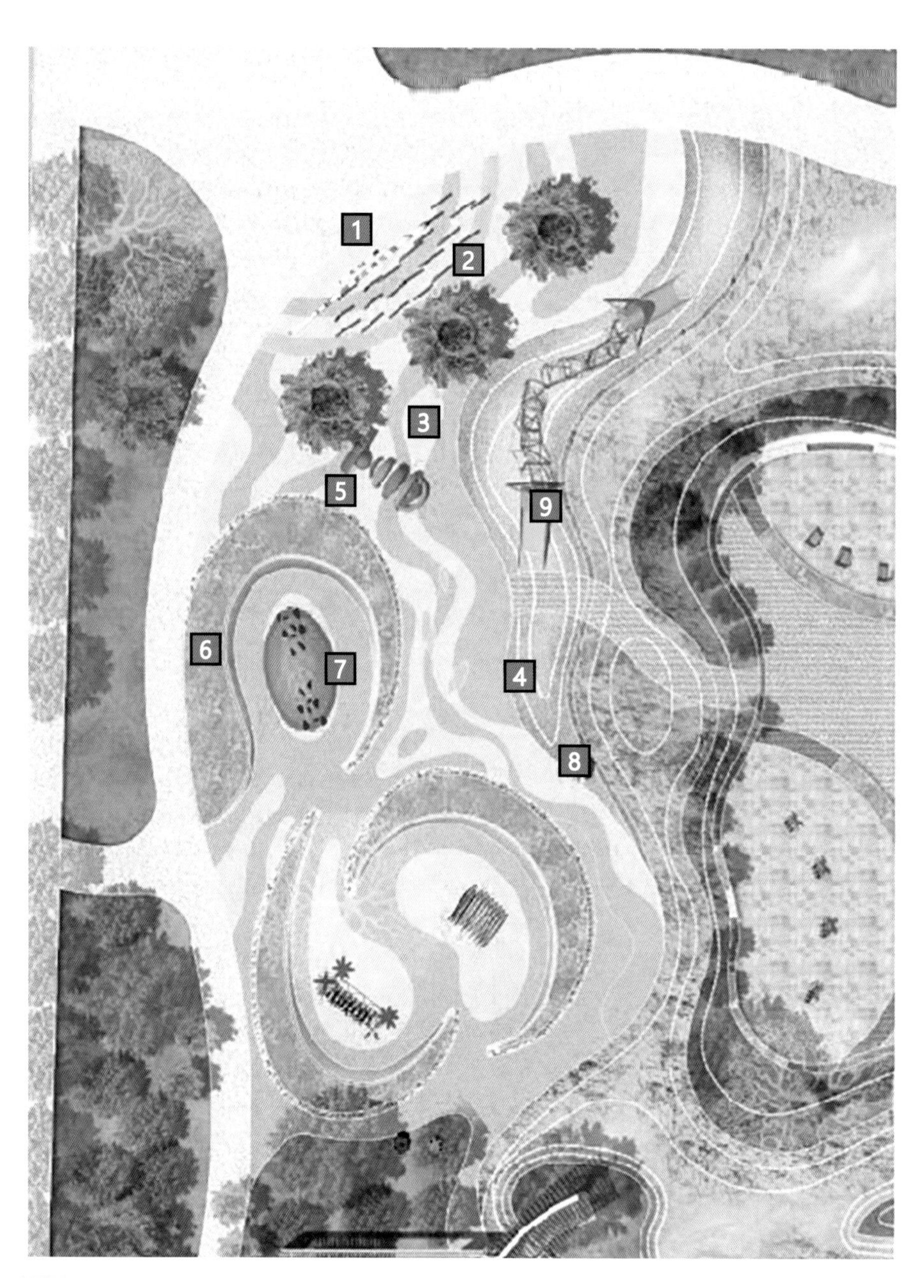

图例

1 入口形象墙
2 传声筒雕塑
3 树阵广场
4 勇者沙丘
5 鱼骨攀爬架
6 异型绿化墙
7 攀爬微地形
8 趣味净水装置
9 儿童健身器械

图5-151 儿童游艺区平面图

图5-152 儿童游艺区效果图（一）（组图）

图5-153 儿童游艺区效果图（二）（组图）

2）草坪活动区

草坪活动区平面图如图 5-154 所示，效果图如图 5-155 所示。草坪活动区衔接社区中心，以开敞大气的草坪景观将公园与社区中心景观联系到一起，同时也是一个雨水花园，可对收集的雨水进行净化与利用。草坪中心是一个观演广场，可供市民开展各类公共活动。在观演广场南侧打造林荫花径，既丰富了公园中心的植物景观，又为儿童打造了一个植物认知科普空间。

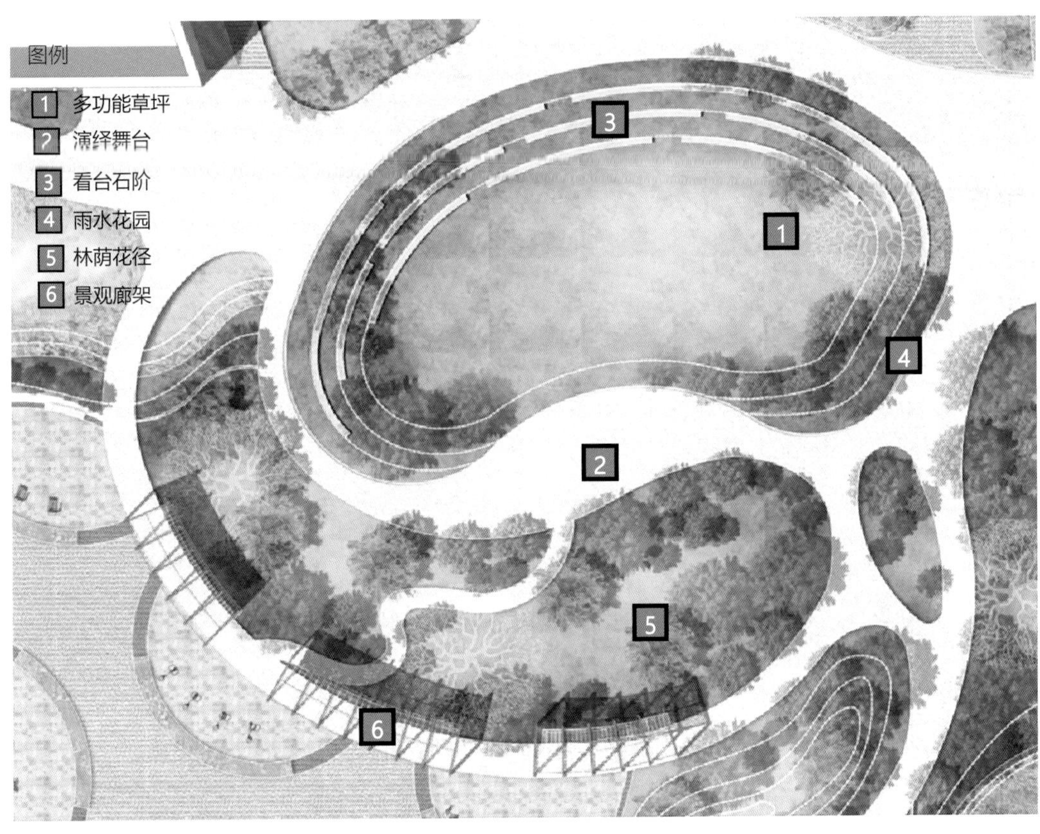

图5–154 草坪活动区平面图

3）老年休闲区

老年休闲区平面图如图 5-156 所示，效果图如图 5-157 所示，位于社区公园西南侧，设置有文化景墙、休闲廊架、亲水连廊等，在休闲廊架内部设置喝茶、下棋空间，以半圆形亲水连廊围合亲水平台，并设置滨水平台作为太极或广场舞空间，打造休闲、静谧、雅致的环境。

4）多年龄运动区

多年龄运动区平面图如图 5-158 所示，效果图如图 5-159 所示。多年龄运动场由透水铺装和可拆卸再利用的活动器械构成，未来可改造成羽毛球场等活动场地，并由绿篱隔成不同的运动区域，与周边绿化相映成趣。这些活动器械色彩明亮，互动性强，极易引发人的探索欲，为游人营造了一个充满活力的多功能运动区。

5）湿地科普区

湿地科普区平面图如图 5-160 所示。湿地科普区衔接公共河道景观，结合当地水生植物打造湿地景观，对周边场地的雨水进行有效的渗透、滞留、净化、蓄积、利用、排放，对雨水进行管理，成为真正的雨水银行，并结合湿地栈道，与水的柔美相配合，刚柔并济，打造可观、可玩、可用的生态空间。

图5-155 草坪活动区效果图（组图）

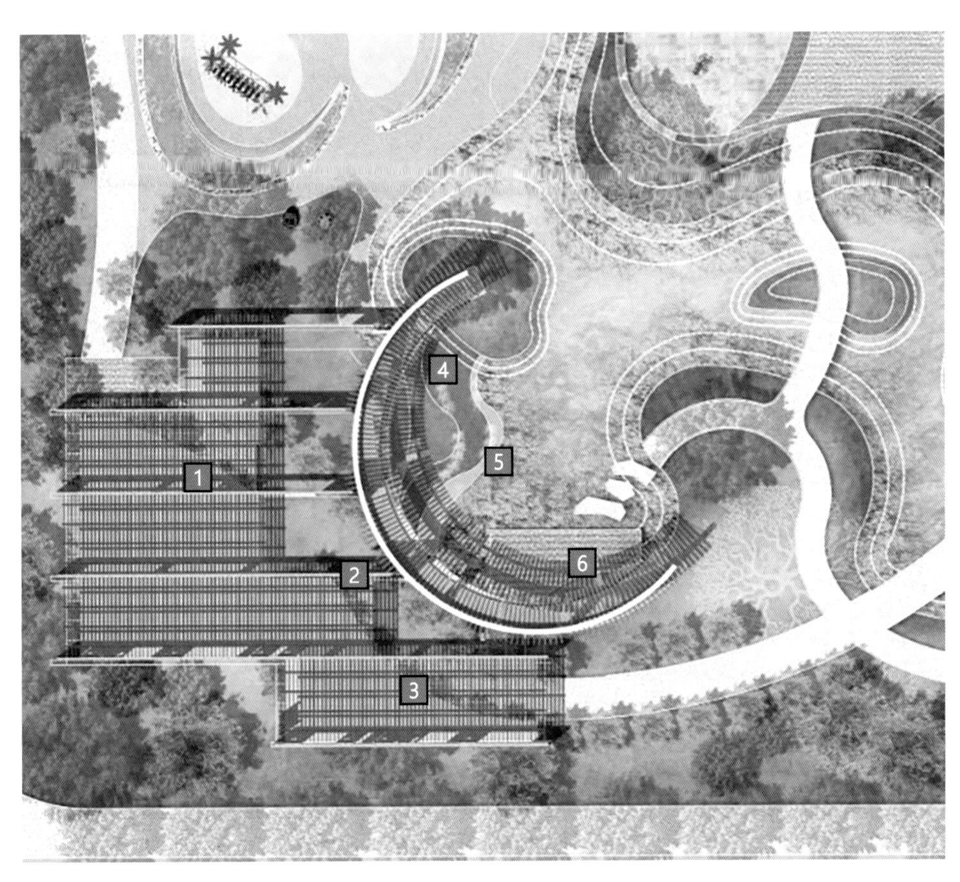

图例 1 休闲廊架 3 棋牌空间 5 跌水景观
2 文化景墙 4 亲水连廊 6 亲水平台

图5-156 老年休闲区平面图

图5-157 老年休闲区效果图

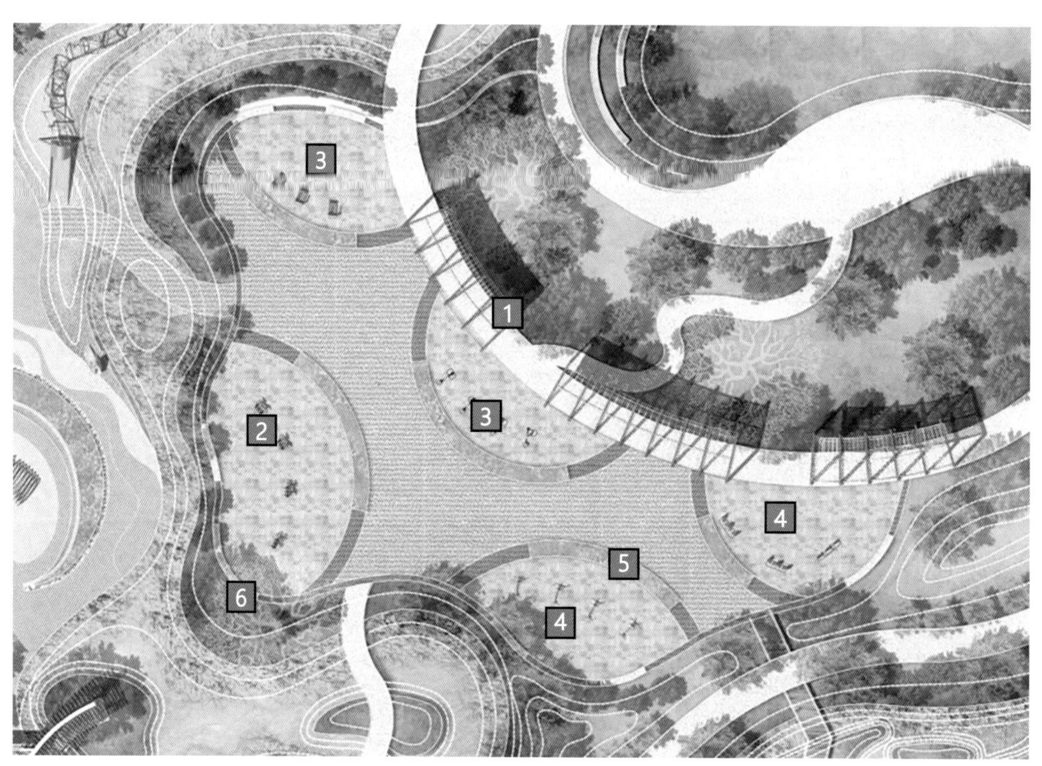

图例 1 休闲廊架 3 成人运动器械 5 景观绿篱
2 儿童运动器械 4 老年运动器械 6 条形坐凳

图5-158 多年龄运动区平面图

图5-159 多年龄运动区效果图

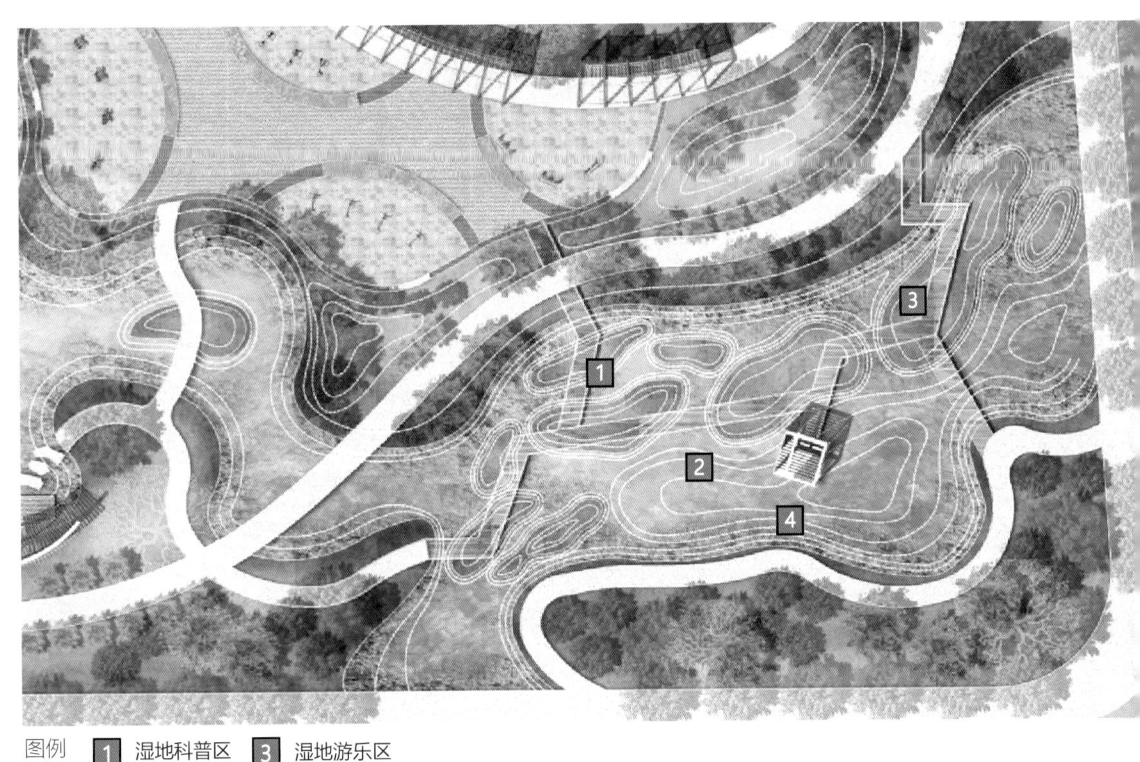

图5-160 湿地科普区平面图

4. 小品设计

公园里设置常见的健身器械，如大转轮、倒立架、儿童压板、儿童摇篮、腹肌板、肩关节康复器、健骑机、举重架、摸高器等，满足居民锻炼身体的需求。公园的开放绿地周边设有特色木廊，可产生步移景异的效果；临水小岛设有亲水亭子，令人置身其中流连忘返。

5. 植物种植设计

植物是吸纳、净化、存蓄水体的关键要素。在海绵城市建设理念下的社区公园设计中，巧妙地选取植物是景观和功能完美融合的重要前提。

首先，本设计综合考虑雄安的气候、土壤等环境条件，优先选用本土植物，因其既能满足基本绿化功能，也能突出公园的地方特色，降低维护成本。

其次，本设计选用根系发达、茎叶繁盛、具有水体净化能力的植物，如芦苇、菖蒲等。

最后，为满足水体净化的需要，同时为保证植物群落的稳定性和观赏性，本设计搭配使用层次丰富的草本和木本植物。

最终，雄安社区公园的植物种植设计选择垂柳、睡莲、鸢尾等作为水边植物，种植银杏、望春海棠、大叶黄杨、合欢等，实现了植物丰富的季相变化，并在开放草坪种植垂丝海棠、白玉兰、木槿、银杏、五角枫、油松、小叶丁香、胶东卫矛等，沿岸种植法国梧桐、国槐、白蜡、金叶女贞、天目琼花等，线条丰富的自然驳岸与线性植物的完美搭配，使得驳岸景观更加丰富生动，提升了滨水景观的整体观赏性。

参考文献

REFERENCES

[1] 2006—2018 年中国水旱灾害公报 [J]. 中华人民共和国水利部报，2011(1)：14-30.

[2] 李超超，程晓陶，申若竹，等 . 城市化背景下洪涝灾害新特点及其形成机理 [J]. 灾害学，2019，34(2)：57-62.

[3] 北京北林地景园林规划设计院有限公司 . 城市绿地分类标准：CJJ/T 85—2017[S]. 北京：中国建筑工业出版社，2017.

[4] 中华人民共和国住房和城乡建设部 . 海绵城市建设技术指南：低影响开发雨水系统构建(试行) [R/OL].(2014-10-22) [2022-4-5] . https：//www.mohurd.gov.cn/gongkai/fdzdgknr/zgg/201411/20141103_219465.html.

[5] BARBOSA A E，FERNANDES J N，DAVID L M. Key issues for sustainable urban stormwater management [J]. Water research，2012，46(20)：6787-6798.

[6] 张建云，王银堂，胡庆芳，等 . 海绵城市建设有关问题讨论 [J]. 水科学进展，2016，27(6)：793-799.

[7] FLETCHER T D，ANDRIEU H，HAMEL P. Understanding，management and modelling of urban hydrology and its consequences for receiving waters：a state of the art[J]. Advances in water resources，2013，51：261-279.

[8] 胡宏 . 绿色基础设施视角下的城市雨洪管治策略：以费城为例 [J]. 国际城市规划，2018，33(3)：16-22.

[9] YANG B，LEE D K. Planning strategy for the reduction of runoff using urban green space[J]. Sustainability，2021，13(4)：1-13.

[10] MEENAR M，HOWELL J P，MOULTON D，et al. Green stormwater infrastructure planning in urban landscapes：understanding context，appearance，meaning，and perception[J]. Land，2020，9(12)：534.

[11] 刘丽君，王思思，张质明，等 . 多尺度城市绿色雨水基础设施的规划实现途径探析 [J]. 风景园林，2017(1)：123-128.

[12] https：//www.epa.gov/green-infrastructure/what-green-infrastructure.

[13] 周秦 . 基于比较分析的美国 GI 规划研究及经验借鉴 [M]. 重庆：重庆出版社，2010.

[14] 张伟，车伍，王建龙，等 . 利用绿色基础设施控制城市雨水径流 [J]. 中国给水排水，2011，27(4)：22-27.

[15] 朴昌根 . 系统学基础 [M]. 上海：上海辞书出版社，2005.

[16] 中国大百科全书出版社编辑部 . 中国大百科全书：自动控制与系统工程 [M]. 北京：中国大百科全书出版社，

1998.
[17] 于景元 . 钱学森系统科学思想和系统科学体系 [J]. 科学决策，2014(12)：2-22.
[18] 黄晶，佘靖雯，袁晓梅，等 . 基于系统动力学的城市洪涝韧性仿真研究：以南京市为例 [J]. 长江流域资源与环境，2020，29(11)：2519-2529.
[19] 刘琮如 . 系统科学方法及其在城市规划中的应用 [J]. 华中建筑，2005(S1)：15-16.
[20] 陈秉钊 . 城市规划系统工程学 [M]. 上海：同济大学出版社，1991.
[21] 左其亭 . 我国海绵城市建设中的水科学难题 [J]. 水资源保护，2016，32(4)：21-26.
[22] 徐宗学，程涛 . 城市水管理与海绵城市建设之理论基础：城市水文学研究进展 [J]. 水利学报，2019，50(1)：53-61.
[23] 夏军，石卫，王强，等 . 海绵城市建设中若干水文学问题的研讨 [J]. 水资源保护，2017，33(1)：1-8.
[24] 宋晓猛，张建云，王国庆，等 . 变化环境下城市水文学的发展与挑战：Ⅱ . 城市雨洪模拟与管理 [J]. 水科学进展，2014，25(5)：752-764.
[25] 刘家宏，梅超，向晨瑶，等 . 城市水文模型原理 [J]. 水利水电技术，2017，48(5)：1-5，13.
[26] 张彪，谢高地，薛康，等 . 北京城市绿地调蓄雨水径流功能及其价值评估 [J]. 生态学报，2011，31(13)：3839-3845.
[27] 朱文彬，孙倩莹，李付杰，等 . 厦门市城市绿地雨洪减排效应评价 [J]. 环境科学研究，2019，32(1)：74-84.
[28] 于冰沁，车生泉，严巍，等 . 上海城市现状绿地雨洪调蓄能力评估研究 [J]. 中国园林，2017，33(3)：62-66.
[29] 石铁矛，王曦，曹晓妍，等 . 用地开发强度对城市绿地渗蓄效能的影响机制测评 [J]. 风景园林，2021，28(7)：17-23.
[30] BERLANDA A，SHIFLETTB S A，SHUSTERC W D，et al. The role of trees in urban stormwater management[J]. Landscape and urban planning，2017(162)：167-177.
[31] 禹佳宁，周燕，王雪原，等 . 城市蓝绿景观格局对雨洪调蓄功能的影响 [J]. 风景园林，2021，28(9)：63-67.
[32] 叶阳，裘鸿菲 . 汇水系统绿地雨洪调蓄研究：以武汉港西汇水系统为例 [J]. 中国园林，2020，36(4)：55-60.
[33] 石铁矛，卜英杰 . 多尺度绿地景观格局对滞蓄能力的影响研究 [J]. 风景园林，2021，28(3)：88-94.
[34] 张云路，李雄，邵明，等 . 基于城市绿地系统优化的绿地雨洪管理规划研究：以通辽市为例 [J]. 城市发展研究，2018，25(1)：97-102.
[35] 李方正，胡楠，李雄，等 . 海绵城市建设背景下的城市绿地系统规划响应研究 [J]. 城市发展研究，2016，23(7)：39-45.
[36] 莫琳，俞孔坚 . 构建城市绿色海绵：生态雨洪调蓄系统规划研究 [J]. 城市发展研究，2012，19(5)：130-134.
[37] 杨帆，郑伯红，陶蕴哲，等 . 城市绿地系统规划与雨洪管理协同的实现机理 [J]. 中南大学学报(自然科学版)，2016，47(9)：3273-3279.
[38] TRAN T J，HELMUS M R，BEHM J E. Green Infrastructure Space and Traits (GIST) Model：integrating green infrastructure spatial placement and plant traits to maximize multifunctionality[J]. Urban forestry & urban greening，2020(49)：126635.
[39] 俞孔坚，李迪华，袁弘，等 ."海绵城市" 理论与实践 [J]. 城市规划，2015，39(6)：26-36.
[40] 焦胜，韩静艳，周敏，等 . 基于雨洪安全格局的城市低影响开发模式研究 [J]. 地理研究，2018，37(9)：

1704-1713.

[41] 李建华，张兴超，任彬彬，等．韧性城乡理念下的区域雨洪安全格局研究：以北京市房山区为例 [J]. 河北工业大学学报(社会科学版)，2021，13(2)：79-85.

[42] 张嫣，裘鸿菲．基于雨水调蓄的武汉中心城区湖泊公园布局调控策略研究 [J]. 中国园林，2017，33(9)：104-109.

[43] 刘恩熙，王倩娜，罗言云．山地小城镇多尺度雨洪管理研究：以彭州市为例 [J]. 风景园林，2021，28(7)：83-89.

[44] 汤鹏，王玮，张展，等．海绵城市建设中建成区雨洪格局的量化研究 [J]. 南京林业大学学报(自然科学版)，2018，42(1)：15-20.

[45] 丁锶湲，曾穗平，田健．基于内涝灾害防控的厦门雨洪安全格局模拟与设计策略研究 [J]. 城市建筑，2017(33)：118-122.

[46] KAPETAS L，FENNER R. Integrating blue-green and grey infrastructure through an adaptation pathways approach to surface water flooding[J]. Philosophical transactions of the Royal Society of London：mathematical，physical，and engineering sciences，2020，378(2168)．

[47] YANG W Y，ZHANG J. Assessing the performance of gray and green strategies for sustainable urban drainage system development：a multi-criteria decision-making analysis[J]. Journal of cleaner production，2021，293.

[48] AHMED S，MEENAR M，ALAM A. Designing a Blue-Green Infrastructure (BGI) network：toward water- sensitive urban growth planning in Dhaka，Bangladesh[J]. Land (Basel)，2019，8(9)：138.

[49] ALVES A，GERSONIUS B，KAPELAN Z，et al. Assessing the co-benefits of green-blue-grey infrastructure for sustainable urban flood risk management[J]. Journal of environmental management，2019，239：244-254.

[50] DONG X，GUO H，ZENG S. Enhancing future resilience in urban drainage system：green versus grey infrastructure[J]. Water research，2017，124：280-289.

[51] HOANG L，FENNER R A. System interactions of stormwater management using sustainable urban drainage systems and green infrastructure[J]. Urban water journal，2016，13(7)：739-758.

[52] JOYCE J，CHANG N，HARJI R，et al. Coupling infrastructure resilience and flood risk assessment via copulas analyses for a coastal green-grey-blue drainage system under extreme weather events[J]. Environmental modelling & software，2018，100：82-103.

[53] 周聪慧．复合职能导向下城区蓝绿空间一体调控方法：以东营市河口城区为例 [J]. 中国园林，2019，35(11)：30-35.

[54] 吴岩，贺旭生，杨玲．国土空间规划体系背景下市县级蓝绿空间系统专项规划的编制构想 [J]. 风景园林，2020，27(1)：30-34.

[55] 张琪．绿色发展理念视角下城市“蓝绿”空间营造策略研究：以武汉为例 [C]// 中国城市规划学会．活力城乡 美好人居：2019 中国城市规划年会论文集(08 城市生态规划)．北京：中国建筑工业出版社，2019.

[56] 陈漫华，赵鹏，余伟．蓝绿交织、城景相融：宁波鄞州中央公园的规划设计 [J]. 中国园林，2020，36(S2)：37-40.

[57] 陈竞姝 . 韧性城市理论下河流蓝绿空间融合策略研究 [J]. 规划师，2020(14)：5-10.

[58] 成玉宁，侯庆贺，谢明坤 . 低影响开发下的城市绿地规划方法：基于数字景观技术的规划机制研究 [J]. 中国园林，2019，35(10)：5-12.

[59] 刘家宏，王佳，王浩，等 . 海绵城市内涝防治系统的功能解析 [J]. 水科学进展，2020，31(4)：611-618.

[60] 车伍，武彦杰，杨正，等 . 海绵城市建设指南解读之城市雨洪调蓄系统的合理构建 [J]. 中国给水排水，2015，31(8)：13-17.

[61] 杨冬冬，曹磊，赵新 . 灰绿基础设施耦合的“海绵系统”示范基地构建：天津大学阅读体验舱景观规划设计 [J]. 中国园林，2017，33(9)：61-66.

[62] 王雅婷 . 海绵城市中绿色基础设施规模及灰、绿耦合评价 [D]. 西安：西安建筑科技大学，2020.

[63] 刘毓婷 . 基于耦合协调模型下绿色雨水基础设施规模优化 [D]. 西安：西安建筑科技大学，2020.

[64] 胡坚，王红武，赵宝康，等 . 镇江虹桥港区灰 - 绿 - 蓝设施组合构建海绵系统 [J]. 中国给水排水，2018，34(12)：5-8.

[65] 杨青娟，朱钢 . 雨水管网和城市绿地的协同优化设计研究 [J]. 中国给水排水，2014，30(7)：94-98.

[66] STEVENS W P, MYERS G J, CONSTANTINE L L. Structured design[J]. IBM systems journal, 1974, 13 (2)：115–139.

[67] YOURDON E，CONSTANTINE L L. Structured design：fundamentals of a discipline of computer program and systems design[M]. New York：Yourdon Press，1979.

[68] 刘颂，刘滨谊 . 城市绿地空间与城市发展的耦合研究：以无锡市区为例 [J]. 中国园林，2010，26(3)：14-18.

[69] 刘滨谊，贺炜，刘颂 . 基于绿地与城市空间耦合理论的城市绿地空间评价与规划研究 [J]. 中国园林，2012，28(5)：42-46.

[70] 刘颂，张翀 . 基于空间耦合的小城镇绿地系统优化策略 [J]. 上海城市规划，2014(4)：83-87.

[71] 袁旸洋，成玉宁，李哲 . 山地公园景观建筑参数化选址研究 [J]. 中国园林，2020，36(12)：24-28.

[72] 成玉宁，袁旸洋，成实 . 基于耦合法的风景园林减量设计策略 [J]. 中国园林，2013，29(8)：9-12.

[73] 袁旸洋 . 基于耦合原理的参数化风景园林规划设计机制研究 [D]. 南京：东南大学，2016.

[74] 刘海龙 . 景观水文：一个整合、创新的水设计方向 [J]. 中国园林，2014，30(1)：6.

[75] 杨冬冬，曹易，曹磊 . 城市生态化雨洪管理系统构建技术方法和途径 [J]. 中国园林，2019，35(10)：24-28.

[76] 孟超，杨昆 . SWMM 模型与 GIS 集成技术研究 [J]. 安徽农业科学，2012，40(10)：6286-6287，6298.

[77] 赵冬泉，陈吉宁，佟庆远，等 . 基于 GIS 构建 SWMM 城市排水管网模型 [J]. 中国给水排水，2008(7)：88-91.

[78] 李智，窦玉颖，王昊，等 . 基于 GIS 和 SWMM 的山地临海城市内涝模拟分析：以象山县为例 [J]. 水利水电技术，2016，47(9)：143-147.

[79] 刘德儿，袁显贵，兰小机，等 . SWMM 模型与 GIS 组件的无缝耦合及应用 [J]. 中国给水排水，2016，32(1)：106-111.